어디에나 우리가 2

어디에나 우리가 2

삶의 터전으로 지리산을 선택한 스물다섯 명의 이야기

이승현 인터뷰집

세현
행자
아라
사사
해와
황재홍
권경민
김다은
유하
김다솜
감자
똥폼

차례

세현, 행자

내 눈치 그만 보고 놀자!

요즘 10대 친구들한테도
여전히 부모님들이
공부하라고 하겠죠?
근데 자기가 진짜 하고 싶은 건
따로 있다고 생각해요.
그게 공부일 수도,
공부가 아닐 수도 있는 거죠.

내 눈치 그만 보고 놀자!

세현, 행자(남원)

먼저 시골 내려온 이야기를 들어보고 싶어요. 도시에서 어떻게 지내셨고,

시골은 어떻게 내려오게 되셨어요?

　　행자: 저는 도시 생활에서 이리저리 치이고, 잘 안 풀렸어요. 몸과 마음이 다 고갈된 시기에 요양 차원으로 방랑 생활을 했거든 요. 그러면서 시골에 한번 살아봐야겠다, 그래야 내 상태가 어떤지 객관적으로 알겠다는 생각이 들었어요. 마음의 결정을 내리고 조 건에 맞는 시골 동네로 들어갔죠.

　　지금 사는 이 집은 어르신들한테 "빈집 있습니까? 저 살고 싶 어요. 저 이상한 사람 아니에요"하면서 동네 마을 회관 문 두드려 서 구한 집이에요. 그러고 1년 후에 결혼했어요. 어제가 결혼기념 일이었거든요. 만으로 3년 하고 하루 지났네요. 결혼식 끝난 날 신

혼여행으로 바로 여기로 왔죠. (웃음)

세현: 아직 신혼여행 중이에요!

방랑에 대해서 조금 더 얘기해주실 수 있나요?

행자: 말 그대로 방랑했어요. 돈에서도 독립하고 싶었거든요. 보통은 돈을 많이 벌어서 나가는 걸 독립이라고 하는데, 그런 환경은 어렵다 보니 반대로 돈이 없어도 할 수 있는 국내 여행을 했어요. 몇 번 굶더라도 한 번씩 친구들을 만날 수도 있으니까요. 그러다 보니 관계에 연결돼서 "자고 가세요", "밥 같이 먹어요" 하는 분들이 있었죠. 밥을 주던지, 잘 수 있는 곳이 있으면 뭐든 가서 같이 했어요.

세현: 핵심은 밥이야. (웃음)

행자: 맞아요. (웃음) 그 전엔 많이 지친 상태였던 것 같아요. 대학교도 공연·예술 쪽으로 갔는데, 예전에는 시험 봤고, 오디션 보고, 떨어지고, 실력 경쟁하고⋯ 그러니까 노래가 자꾸 싫어지고 다른 길을 찾아야겠다 이런 상태였는데 방랑하면서 기분이 나아지니까 자연스레 노래 부를 기회가 생기더라고요. 가장 재미있어하던 게 노래였는데⋯ 그렇게 스님 앞에서도 부르고, 세월호 순례길 걸으면서 팽목항으로 가는 길에도 불렀어요. 그런데 그냥 자유롭게 행동해보는 것에서 회복이 되더라고요. 속으로 '이게 진짜 삶인데⋯ 왜 좁게만 생각했지? 이제부터는 회복의 시간을 살아봐야겠

내 눈치 그만 보고 놀자!

다' 생각했어요. 방랑이 편견을 깨는 계기가 된 것 같아요.

세현님의 결혼 전 생활은 어땠어요?

　　세현: 회사 다니다가 퇴사하고 나서 저도 방랑의 시간이 시작됐죠. 그게 벌써 6년 전인데, 퇴사하고 나서 정토회의 '깨달음의 장'을 경험하고 정말 좋아서 꽂혔어요. 정토회에서 봉사 활동을 하며 한 달 반 정도 지내다 보니 '생태' 그리고 '공동체'라는 키워드가 저한테 딱 다가왔죠. 같이 사는 것도 좋고 분업화돼서 일하는 것도 잘 맞았어요. 무엇보다 생태적인 생활이 정말 좋았어요. 생태화장실도 거부감이 1도 없었고요. 그때 이후로 생태 관련 공동체를 엄청 검색했고, 찾게 된 곳이 '넥스트젠코리아'라는 단체에요. 그래서 무작정 후원하기 시작했어요. '마음에 드니 후원부터 해보자' 하면서요. (웃음) 봄이 되니까 넥스트젠에서 '생태마을 디자인 교육EDE 설명회'를 열더라고요. 가보니 제가 찾던 또래 친구들이 있었어요. 거기서 친구들이랑 같이 '있으는잔치'도 기획하게 되고, 여행도 다니면서 새로운 세상을 경험했어요. 내가 진짜 원하는 삶이 뭔지 찾아가는 시간이었던 것 같아요. 그러다가 친구들과 기획한 '있으는잔치'에서 행자를 만났어요. 둘 다 방황하고 있던 시기였고, 삶의 방향을 찾아가는 타이밍이 비슷했어요. 저는 시골에 살고 싶었는데, 이 사람도 그런 것 같았고요. 그래서 저는…

행자: 몸만 오면 된다!

세현: (웃음) 이건 무조건 잡아야 하는 기회다! 생각해서 부모님한테 "저 시골 내려갑니다. 행자가 집 구했대요" 그러니 엄마가 "뭐어어어어?!"하셨죠. (웃음) 그 당시 저는 '시골에 혼자라도 내려가야 하나? 아니야, 도저히 혼자는 못 내려가겠는데'라고 고민하던 중이었기 때문에 행자를 만나면서 자석이 서로 끌어당기는 것 같은 느낌을 받았어요. 그러니까 집을 구했다는 이야기를 하고 나서 그때부터 갑자기 결혼식 준비가 빡! 진행된 거죠.

행자: 내가 이 집을 구하면 누가 같이 살 수도 있다는 게 분명하게 느껴지는 거예요. 저도 혼자였으면 훨씬 고민했을 텐데 서로가 큰 촉매제가 됐죠. 안 그랬으면 아직도 서울에서 고민만 하고 있었을 것 같기도 해요.

넥스트젠 활동은 잘 맞았나요?

세현: 한 2년 정도 활동했는데 처음엔 아무것도 모르니까 해본 거예요. 회사 다니는 것처럼요. 경험해보고 나면 나에게 뭐라도 남겠다 생각했어요. 활동하면서 느낀 건 '나는 여기랑 완전히 일치하지 않고 내 길을 가고 싶다'였어요. 그 당시에 넥스트젠 친구들은 시골에 살지 않던 상황이었거든요. 그들의 기반은 도시에 있었는데 저는 계속 시골에 가고 싶어서 그 부분이 저랑 맞지 않다고 생각했죠. 그 무렵엔 정착해서 무언가를 시작하고 싶은 마음이 강

내 눈치 그만 보고 놀자!

했거든요. 프로젝트를 기획하면 우리가 말하고자 하는 주제와 제 삶에서 오는 괴리감이 있었어요. 행사에서는 생태적인 삶과 씨앗 하나에 대한 감사함을 얘기하고 있지만 '내가 실제로 농사를 지어 봤나?', '내가 이 씨앗을 한 번이라도 심어봤나?' 했을 때 전혀 아 닌 거죠. 내가 하는 말이 당당했으면 좋겠는데, 그렇지 않은 거죠. 이렇게 가면 기획자로만 살게 될 것 같았어요.

　　행자: 그런 취향도 맞았던 것 같고요. 활동의 주체가 내가 되 는 것, 내 삶은 온전히 내가 사는 것에 대한 초점이 비슷했던 것 같 아요. 얘기하다 보니 너무 잘 통했고, 사귀게 되면서부터 바로 결 혼 이야기가 나왔죠.

결혼식 이야기를 해보죠. 독특한 결혼식을 하셨잖아요.

　　행자: 맞아요. 그런데 결혼식은 했지만, 아직 혼인신고는 하 지 않았어요. 한국 사회에서 아이가 태어났을 때를 제외하고는 혼 인신고가 필요하다고 느끼진 않았거든요. 우리의 이 결혼식으로서 서약이 충분하다고 생각했어요. 혼인신고라는 제도로 서로의 마음 을 재인증받을 필요를 못 느꼈는데, 다행히 양가 가족에게 그 부분 이 받아들여졌어요. 쉽지는 않았죠. (웃음) 그래서 커플이나 동거 하는 친구들을 봐도 동질감을 느껴요. 오히려 더 편견이 없어져서 되게 잘했다고 생각해요.

세현: 저는 처음에 동거부터 하자는 이야기가 잘 받아들여지진 않았어요. 한 번도 집을 벗어나서 생활해 본 적이 없었거든요. 서울에서 벗어나는 것도 큰 과제인데, 여기에서 동거까지 한다? 그러면 나는 그냥 머리 밀리는 거야. 호적 파이고. (웃음) 나는 가족과도 행복하게 지내고, 이 사람이랑도 행복하게 지내고 싶은데 그 방법은 뭐가 있을까 생각했을 때 부모님에게 떳떳하게 인사를 드리고 싶더라고요.

행자: 저는 동거를 그렇게 대단한 의미로 얘기한 건 아니고… 오히려 바로 결혼을 고민하는 사람들이 대단히 용감하다고 생각했는데… (웃음)

세현: 그게 부모님에게는 대단한 거죠!

행자: 음, 그랬죠. 정말 저 빼고 다 반대하시더라고요. (웃음) 그런데 그때 마음은 이 사람하고 많은 교류를 경험해 봐야겠다는 결정을 내린 상태였기 때문에 결혼, 동거, 연애 이런 걸 구분할 필요가 크지 않다고 생각했어요. 그렇지만 결정 과정에 부모님들이 섞인다는 건 부담되는 일이기도 하잖아요. 그래서 그때 약간 머리를 굴렸죠. '자연 휴양림 숲속 결혼식 공모전' 이런 걸 아이템으로 쓴 거예요.

그때 제가 스물일곱이었는데, 돈을 버는 상황이 아니었기 때문에 반대가 있을 수 있잖아요. 그래서 우리끼리 공모전에 제안서 넣어서 '우리가 이만큼 진지하단 걸 보여주자'라고 생각했어요.

내 눈치 그만 보고 놀자!

"올해 우리 공모전 돼서 결혼해야 해요" 하거나, 그래도 반대당하면 울면서 "그럼 내년이라도 하게 해주세요" 정도의 자극제로 쓰려고 했는데 이게 웬걸? 붙은 거예요. 그랬더니 부모님이 너희들이 이렇게까지 했는데… 하시며 허락해주시더라고요. 그렇게 연애 1년 만에 결혼하게 됐죠. 뚜둥(!)

세현: 결혼식에는 우리 로망을 다 욱여넣었어요. 정말 하고 싶었던 거 다 했어요. 이건 내 결혼이니까 미루고 안 할 수 없잖아요? 원하는 결혼식을 위해 일하듯이 회의하고 준비했어요.

행자: 그런데 부모님과 트러블이 있었죠. 부모님 입장에서 사람들을 초대하기도 어려운 인원수 제한에다 파티 형태로 기획하니까 '왜 그렇게 불만이 많냐?', '왜 그렇게 쓰레기가 안 나와야 하냐', '왜 직접 밥을 하려고 그러냐' 하면서 대립이 있었어요.

그런데 얘길 해보니 저는 축의금을 내지 않아도 되는 결혼식을 원했고, 부모님은 다니는 결혼식마다 음식이 맛이 없었다며 음식에 대해 욕을 듣기 싫은 마음이 있었어요. 각자의 포인트가 있었던 거죠. 그래서 음식 부분을 부모님께 넘기면서 저희는 예식과 진행을 맡겠다 했죠. 채식이나 쓰레기 문제가 걱정되긴 했는데, 그걸 내려놓으니 일에 속도가 붙더라고요. 어떤 면에서는 더 좋아진 부분도 있었어요. 저희는 기획에 집중할 수 있게 됐고요. 결혼식 과정 기획했던 건 지금도 영감이 되는 것 같아요.

그런데 사실 결혼식 당일에 정말 불안했거든요. 저희가 하고 싶은 대로 하다 보니 '양가 어머님 화촉 점화' 이런 게 없었어요. 그래서 상상 속으로 갑자기 큰아버지가 "이게 결혼식이냐!" 하며 제 뒤통수를 때릴 것 같고… (웃음) 저는 전혀 강심장이 아니거든요. 그런데 실제로 그런 일은 없었고 80대 어르신들도 "이런 결혼식 처음 봤다", "너무 좋았다" 하셨어요. 그렇게 된 건 아직 원인 분석이 잘 안돼요.

결혼식 입장 영상 보니 너무 신나더라고요. 정말 하고 싶은 것 다 한 게 영상에서 드러났어요.

　　세현: 영상은 아직 많이 남았답니다. (웃음) 정말 재미있었어요. 우리는 잔치해야 하니 하객들을 세 시간 동안 붙잡아놓고 놀았어요. '결혼식의 주인공은 우리다!' 하면서요. 결혼 준비하면서 친구가 '네가 후회 없으려면 하고 싶은 것 다 하라'라는 얘기를 해줬어요. 그래서 정말 하고 싶었던 것들, 예를 들어서 이소라 '청혼' 정말 부르고 싶었거든요. 그런데 진짜 결혼식에서 부르고 나니까 진짜 뿌듯! 후회가 없었어요.

　　행자: 원래는 부모님도 주인공으로 세우고 싶은 마음에 부모님 입장식이 먼저였어요. 결혼식에서 이들의 자녀들이 결혼한다는 게 하고 싶은 말이기도 하잖아요. 그리고 축가를 해주거나, 편지를 읽고 싶은 하객들도 같이 결혼식의 주인공이 됐을 때 잔치가 된다고 생각했거든요. 함께 즐기는 결혼식을 하고 싶었어요.

세현: 항상 결혼식 가면 축가가 너무 빨리 끝나는 것 같더라고요. 환호성 지를 때쯤이면 끝나잖아요. 우리 결혼식에서는 '이건 용납 못 해!'해서 본식 때 축가 세 번 하고 본식 끝나고 피로연 때 7~8팀이나 더 불렀어요. (웃음) 시아버님은 신나서 축가를 두 곡이나 부르셨어요.

대부분 결혼식에 대한 색다른 로망이나 꿈이 있어도 부모님 선에서 '컷' 되잖아요.

세현: 맞아요. 가족과의 갈등을 푸는 게 핵심인 것 같아요. 그게 풀리고 나면 그다음부터는 좀 괜찮아져요. 근데 가족과의 갈등은 정말로 끝이 없어요. (웃음)

행자: 최근까지도 풀고 있어요.

축의금도 안 받으셨다고요.

행자: 새로운 문화를 만들어가는 시작으로 해보고 싶었어요. 근데 부모님 세계에서는 너무 당연한 문화가 있잖아요.

세현: 저는 오히려 그 부분에 대해서 부모님과 대화 나누면서 이해하게 됐어요. 엄마가 "야, 우리가 여기에 몇천만 원을 냈는데!" 그러시더라고요. 저는 "몇… 몇천만 원?! 그래, 그럼 그럴 수도 있겠네…" 했죠. (웃음) 서로를 이해하기 위해 정말 많이 싸우고 울고 대화했어요.

내 눈치 그만 보고 놀자!

결혼하신 지 3년이 넘었어요. 혼자서 지낼 때와 두 분이 지낼 때의 차이가 있나요?

세현: 매일매일이 수행이에요. (웃음) 근데 그걸 알고 결혼했어요. 행자를 만나면서부터 혼란의 연속이었거든요. 제 기준에는 행자가 너무 자유분방해서 내가 감당할 수 있을지 고민이었어요. 일기장에 매일 썼어요. '이 사람을 감당할 수 있을까?' 어디로 튈지 모르겠고… '여행 가서 갑자기 죽었다고 하는 건 아닐까?' 하는 두려움도 있었어요. 거칠고 야생적인 사람처럼 느껴졌어요. 그런데 이야기를 나누다 보면 또 통하는 건 있으니 혼란스러웠죠.

그래서 행자랑 결혼한다고 마음을 먹었을 때도 '이 사람이랑 같이 살면 매일이 수행일 것이다', '수행임을 알고 결혼한다' 결심했어요. 어쩔 땐 정말 짜증 나요. (웃음) 근데 더 짜증 나는 건 내가 선택한 거라는 거죠. 결심하고 결혼했기 때문에 어쩔 수 없죠. 엄마한테 뭐라 할 수도 없어요. 계속 받아들이고 죽… 죽기 살기로 수행하며 살려고요.

저는 부모님 집에서의 독립, 시골살이 시작, 결혼 생활까지 3종 세트를 한 번에 다 하느라 정말 많이 힘들었거든요. 내가 결혼 생활 때문에 짜증 나는 건가, 아니면 시골에서 살아서 짜증 나는 건가, 아니면 친구들이랑 너무 떨어져서 짜증 나는 건가, 초반에는 스스로 감정 정리가 잘 안 됐고, 시골에 오고 나서 1년까지도 집 생각이 나서 울었어요.

행자: 1년 반 동안 어머님이랑 통화하면서 울었어요. 부모님 보고 싶으면 가면 되는데, 가진 않더라고요. (웃음)

세현: 예전 삶에 머무르려는 관성이 있었던 것 같아요. 지금은 행자랑 사는 것이 저한테는 좋은 일인 것 같아요. 나를 계속 다듬을 수 있고, 내가 어떤 것에 짜증이 나는 지를 선명하게 보게 되니까 그런 건 참 좋죠. 얻는 게 많은 결혼 생활이에요.

행자: 저도 똑같아요. 결혼이나 가정을 꾸리는 것에 열망이 있는 사람들이 많잖아요. 그렇게 물어볼 때, 저는 늘 "결혼 너무 추천한다, 너무 힘들다." 이렇게 이야기해요. (웃음) 너무 힘들고 어렵지만 느끼는 게 많다는 거죠. 어떤 관점으로 보느냐에 따라서 갈리겠지만 저는 거울을 본다고 생각하거든요. 서로의 관점을 가지면 너무 도움이 돼요. 서로 자극도 해주고요.

세현: 서로 어느 포인트에서 열 받는지 너무 잘 알아. (웃음)

행자: 예민한 부분은 건들지 말아줬으면 좋겠다는 생각이 들 때 이게 내 예민한 모습이라고 받아들이면 내가 왜 그럴까, 탐구하게 되죠. 그런 효과가 너무 좋아요. 이런 일대일 수행 관계가 어디 있겠어요. 그리고 저희는 '놀룩'을 만들어서 같이 계획하고 활동하다 보니 하루 종일 같이 있어요. 시간을 많이 공유하다 보니 더 낱낱이 자극을 받게 돼요.

세현: 이것이 리얼 수행 공동체! 내가 그렇게 원했던 공동

체, 이뤄냈다! (웃픈 웃음) 피할 수 없으니 맨날 마주해야죠.

　　행자: 예민해졌을 때 이걸 잘 표현하면 되겠다는 생각도 평온할 때나 가능한 거죠. 그래서 그 모든 과정을 '놀룩'에 담으려고 했어요. 보면서 나도 스스로 나아지려고 노력하고 격려하도록요. 어떤 면에서는 우리가 잘 교류하면서 '놀룩 웨딩플래너' 이런 것도 한 번 할 수 있었으면 좋겠어요. 부모님 세대가 보더라도 쟤네 재밌게 잘 사는구나, 느낄 수 있게요.

'놀룩' 유튜브는 두 분의 삶을 있는 그대로 촬영해서 보여주고 스스로 자극받기 위함이네요. 그런데 스스로 거울로 이용하는 것은 좋지만 그것을 외부에 공개하는 것은 또 다른 문제 같거든요. 모르는 사람에게까지 민낯을 보여주는 건 쉽지 않잖아요.

　　행자: 사실 최근에도 그 주제로 저희 안에서 큰 회의가 있었어요. '놀룩'을 처음 시작했을 땐 '이건 우리를 회복하기 위한 회사'라고 했거든요. 그런데 '놀룩'이 다양한 활동을 하다 보니 집중이 안 되는 느낌이 있더라고요. 사실 저희가 에너지가 어마어마하게 많진 않아요. 내면에는 겁도 많고 걱정도 많아요. 그래서 에너지를 하나로 모아서 영상으로 진정성을 보여주고 싶었어요. 그래서 유튜브에 어떤 모습을 담을까, 얘기가 나오면서 핵심을 찾아 나서게 됐죠. 결론적으로 저희도 자신의 모습을 찍으면서 '내 모습이 보이게 한다는 것' 자체를 보여주고 싶었어요. 그 과정에서 말을

잘못해서 오해받지 않을까 하는 망상들도 많이 생겼죠. 그런데 그 모습을 다 받아들여 보기로 했어요. 어떤 고정관념이나 편견이 있어서 말을 잘못해도 그게 지금 내 모습이라면 받아들이고 나중에 진정성 있게 사과를 하고 나아가자, 그러니까 지금의 내가 얼마나 고장이 난 인간이던지 간에 그걸 다 보여주는 것을 '놀룩' 유튜브로 하자고 했어요. 사람들은 우리가 즐겁게 춤도 추고 밝은 부부로 생활하니 그렇게 보는 관점도 당연히 있지만, 영상엔 우리가 그걸 얼마나 힘들게 하는지를 담자고 생각했죠. 춤을 못 추거나 못 생기게 나온 것, 보여주기 싫은 부분을 보여주면서 조금씩 나아지자고 생각했어요. 요즘엔 자기가 하고 싶은 걸 못하고 있는 사람들이 많잖아요. 우리는 아무것도 준비가 안 되어있더라도 하고 싶은 걸 하고 그 모습을 담아서 공개하고, 그걸 내가 받아들이는 걸 목표로 하고 있어요.

세현: 처음엔 둘 다 SNS를 하던 사람들이 아니어서 힘들었어요. 그런데 제 안에서 결혼식처럼 특별했던 순간이나 시골의 일상을 다른 사람들과 나누고 싶다는 욕구를 발견했어요. 일단 SNS에 올려놓고 소심하게 사람들이 알아서 보겠지 하고 올렸어요. 근데 게시물 올리는 게 의외로 재밌어서 SNS에 대한 편견을 깨나가기 시작했어요. 인스타그램을 부정적으로 보고 있었던 나를 발견하고 그 세계를 배우려고 SNS 공부도 했어요. 그러다 보니 인터넷 세상이 가상 세계가 아니라 여기도 나름대로의 공동체 세계라는 것을

알게 되었어요. 재밌더라고요. 그렇게 조금씩 적극적으로 게시물을 올리다 보니 생각보다 나는 보이고 싶었던 사람이구나, 알게 됐어요. 그때부터 하나하나 내려놓는 연습을 하기 시작했어요. 처음엔 춤 영상도 너무 오그라들어서 게시물을 올렸다가 다시 내리기도 했는데, 계속 올리다 보니까 '어쩔?' 그다음엔, '에이, 몰라! 그러든지 말든지!' 하고 변했어요. (웃음)

의외로 SNS에 올리는 것보다 더 힘든 건 행자 앞에서 춤추는 거였어요. 원래 저는 방에서 혼자 춤추는데 갑자기 행자랑 같이 추려니까 너무너무 어색하고 민망하고. 그래서 괜히 짜증도 냈어요. "아, 거기 서 있지 말고 저리로 가요!"

행자: 이런 경우에 세현은 짜증 내고 저는 우울해져요. 사람들이 이상하게 볼 것 같고.

세현: 맞아요. 삭제하고 싶지만 춤은 계속 추고 싶고… 계속 영상을 올리고 싶다는 마음을 확인하는 순간, '아, 이걸 극복하고 올려야 하는구나' 하고 깨달았죠. 그렇게 지금까지 온 거예요. 절대로 처음부터 춤이 자유롭진 않았어요.

'놀룩' 채널은 내려놓는 과정이 없었으면 시작을 못 했겠네요.

세현: 완-전. 처음에는 저희 둘이 춤을 못 췄어요. 원래는 파티나 그런 분위기가 형성돼야만 춤을 췄거든요. 그러다 어느 순간 '사실 나는 안 그런걸. 나는 원래 춤추는 걸 좋아하는데'라고 느꼈

어요. 그래서 '이거잖아! 행자, 우리 이렇게 해야 하잖아' 이러면서 서로 영상에 담아주기 시작하고 같이 춤을 추기도 했죠.

행자: 그리고 카메라를 두고 추는 게 너무 짜증 났어요. 왠지 얘가 원흉인 것 같고요. 우리 둘이 추면 재미있던 게 카메라 하나 있다고 왜 부담스러울까, 그것도 엄청난 수행인 것 같아요. 이 카메라가 나를 찍는다는 것에 대해서 왜 거부감이 있을까, 그런 걸 생각해 본 적이 없잖아요. 저는 생각해 보니까 그 안에 아주 꼴도 보기 싫은 제 모습이 있는 거예요. 내재된 자기 비하였어요. 무의식적으로 자기 비하를 계속하고 있는 거예요.

세현: 사실 지금도 찍고 나서 갑자기 한 명이 우울해지거나 짜증 낼 때가 있어요. 본인이 춘 춤이 마음에 들지 않거나 부끄러운 마음이 짜증으로 탈바꿈한 거죠. 그럴 때마다 우리는 "괜찮아! 했다는 것 자체가 이미 다 한 거야. 올리자! 놀릭 하자!"하고 업로드해요.

행자: 맞아요. 그러면서 어떤 상황이건 분위기에 취할 수 있는 감각이 생기는 것 같아요. 그게 계속 훈련이 되다 보니까 공원에서도 추고, 서울에서도 추고, 집 앞에서도 추고, 방에서도 추고, 둘이서도 추고…

세현: 내가 봤을 때 끝판왕은 부모님 앞에서 추는 거! 근데 그 어려운 걸 결혼식에서 한 거예요. 어우, 소름 돋아. (웃음)

행자: 죽창 든 사람들 위에서 맨몸으로 걷는 것 같은 기분이

내 눈치 그만 보고 놀자!

들었어요. 빨리 이 순간이 지나갔으면 좋겠다 끙끙대면서 매일 밤 악몽을… (웃음)

　　세현: 저희 인스타에도 '내 눈치 그만 보고 놀자'라고 썼거든요. 그게 이 뜻인 것 같아요.

　　행자: 다 저희한테 하는 말이에요. 매일 되새기고 싶은 말을 할 때의 진정성은 직접 실천해야 생기는 것 같아요.

'놀룩'에서 앞으로 하고 싶은 활동은 어떤 거예요?

　　행자; 저희가 온라인, 오프라인 구별 없이 활동하려고 구상하고 있거든요. 제일 많이 했던 게 춤이고요. 그래서 각자의 흥대로 즐겨 춤추는 장도 재미있을 것 같아요. '놀룩'이 찾아가서 어떤 환경이든 듣고 싶은 음악을 틀고 각자의 노래들로 춤을 출 때 분위기에 취하는, 그런 기분을 같이 느껴보면 좋겠어요. 작게 시작할 테니 놀러 오세요. (웃음)

두 분의 10대 이야기도 듣고 싶네요. 10대의 두 사람은 지금과 어떻게 같

고 또 어떻게 다른가요?

　　세현: 10대… 초중고 시절이네요. 저는 친구와 학교를 되

게 좋아했어요. 또 항상 짝사랑하는 남자친구가 있었어요. 항-상!

한 번에 두세 명 좋아할 때도 있었죠. 그 친구 보러 학교 가고. 설

렘 덕후였어요. 그런데 중학교부터 갑자기 공부하게 되잖아요. 그

러면서 제 안에 충돌이 있었죠. 놀고 싶은데 공부는 해야 하고. 누

가 나를 짓누르는 것 같으니까 내면에서 폭력성이 엄청나게 생겼

어요. 그게 공부였겠죠. 그 폭력성이 밖으로 터져서 친구나 엄마랑

많이 싸웠어요. 고등학교 진학하니 공부 안 하던 친구도 갑자기 전

문대는 가야겠다면서 공부하니까 정말 혼란스러웠어요. 놀고 싶

은데, 공부는 재미없고. 근데 엄마가 하라니까 그냥 무작정 열심히

했던 기억이 나요. 친구들 하는 거 같이 하고 싶으니 학원도 열심

히 다니고요. 그러면서 왜 공부를 해야 할까, 이런 질문이 다 뒤엉

켜 있었어요.

　　그러면서 나는 무얼 하고 싶을까 생각해 보니 의상 디자인

과 미술을 하고 싶어서 검색해봤죠. '스타일리스트'나 '코디'라는

직업이 나오더라고요. 그래서 엄마한테 "나 미술하고 싶다" 그랬

더니 엄마가 "야, 너 수학에 돈 들인 게 얼만데!" 이러시는 거예요.

"엄마는 수학에 돈 들인 게 중요해? 내가 미술을 하고 싶다는데!"

그랬던 기억이 나요. 그때 어린 마음에 꽤 상처가 컸죠. 다행히 허

락해주셔서 입시 미술로 디자인학과에 들어가게 됐어요.

그런데 그 일이 제가 하고 싶은 유일한 건 줄 알았는데 지금 생각해 보면 아니었어요. 왜 그런 신호가 있잖아요. 제가 어렸을 때 춤추는 걸 정말 좋아했거든요. 제 기억으로는 초등학교 1학년 때부터 춤추던 모습이 기억나요. 그런데 자신감 없고 엄청 소심했어요. 장기자랑은 나가본 적도 없고요. 항상 장기자랑 나가는 친구들 보면서 '왜 나한테는 같이 나가자고 얘기하지 않을까?' 이런 생각 진짜 많이 했어요. (웃음) 떠올려 보면 저는 하고 싶은 티를 한 번도 낸 적이 없었어요. 그러니 친구들은 당연히 제안하지 않았겠죠. 근데 웃긴 건 집에 가서 친구들이 춤추는 노래 혼자서 겁나 연습했어요. (웃음) 더 웃긴 건 속으로 '내가 쟤네보단 잘 춘다!' 생각했다는 거예요.

사실 저는 백댄서처럼 춤추는 사람이 되고 싶었어요. 중학생 때부터 대학생 때까지 맨날 방에서 몰래 혼자 춤췄거든요. 가족들은 아무도 몰랐어요. 20대 중반 되고 나서야 엄마한테 처음 이야기했는데, 세상에, 엄마도 사실 백댄서가 되고 싶었다는 거예요! 생각해 보면 집에서 엄마랑 동생이랑 음악 틀어놓고 춤춘 적 많았거든요. 난 엄마도 그런 줄은 진짜 몰랐지 뭐야. 엄마도 저한테 그런 얘기를 할 생각도 안 하셨고요.

요즘 10대 친구들한테도 여전히 부모님들이 공부하라고 하겠죠? 근데 자기가 진짜 하고 싶은 건 따로 있다고 생각해요. 그게

내 눈치 그만 보고 놀자!

공부일 수도, 공부가 아닐 수도 있는 거죠. 하고 싶은 걸 못 하는 건 내가 그걸 알아도 할 수 있는 상황이 안 되거나, 부모님한테 얘기할 용기가 안 나거나, 아니면 주변에 그렇게 사는 사람이 없으니까 발현하지 못하는 거라고 생각해요. 제가 그랬으니까요. 제 주변에 그 누구도 댄서나 가수나 공연하는 사람이 없었기 때문에 제가 그걸 할 수 있다고 감히 상상도 못 했어요. 내가 왜 그 힌트를 못 찾았을까 생각하면 시간이 너무 늦은 것 같아서 아쉬울 때도 있어요. 지금이라도 알고 인정해준 게 정말 다행이죠. 숨겨져 있던 깊은 욕구를 확인하고 나서부터는 자신감 없고 소심한 마음을 깨부수는 과정의 연속이었어요.

그래서 지금 10대들이 공부 때문에 자신이 좋아하는 것을 어딘가 깊숙이 묵혀두고 살 수도 있다는 생각에 안타까울 때가 있어요. 평생 발견 못 할 수도 있고, 저처럼 새어 나오다가 터질 수도 있고요. 그래서 얘기를 들어주고 마음을 잡아주는 사람이 주변에 있다는 것이 중요하다고 생각해서, '놀룩' 활동을 하면서는 최대한 솔직하게 표현하려고 노력해요. 저희 활동을 보고 누군가 자극받았으면 좋겠어요. 왜냐면 자극받는 사람은 분명히 그 욕구를 가진 사람일 거니까요. 그 부분을 우리가 건드렸으면 좋겠어요. 그 꿈틀거림, 자극받고 질투하고 부러운 감정이 괜히 나는 게 아니잖아요. 그런 감정엔 분명히 이유가 있다고 생각해요.

저도 방송에서 연예인들이 맘껏 춤추는 거 보면 부러워 죽겠어요. 그래서 그럴 때는 죽이 되든 밥이 되든 하자, 내가 뱉는 게 거지같아도 뱉자, 마음먹어요.

그걸 일찍 알았더라면 '스우파'에서 세현님을 봤을 수도 있겠네요.

세현: 그랬을지도요? (웃음) 그래도 지금에라도 안게 어디에요. 하고 싶은 걸 찾아가는 과정이 진짜 재밌는 모험이고 도전인 것 같아요. 그리고 아직 살날이 많으니까…

행자님의 10대는 어땠나요?

행자: 저는 어릴 때부터 부모님의 기대를 충족시키고 싶은 마음에 굉장히 휩쓸렸거든요. 그런데 실제로 그러지 못하니까 매번 거짓말로 대처했던 것 같아요. 그건 중학생이 돼도, 고등학생이 돼도, 성인이 돼도 삶에서 계속 따라다녔어요. 거짓말을 하면 불안한 상황이 만들어지고, 그걸 반복하다 보니까 솔직하지 못한 사람이 돼가는 과정이었던 것 같아요. 그 경험은 많은 10대들이 겪을 거예요.

예를 들면 어떤 거짓말이에요?

행자: 괜찮은 척하는 건 기본이고요. 부모님의 기대에 충족을 못 시키는 부분은 위조해서라도 위기는 넘겼어요. 나중에 성적이 나올 때 걸리더라도요. 그 대가로 잠시 안정을 얻더라도 나중에

는 혼날 거라는 걸 아니까 저는 계속 불안함 속에 있는 거죠. 그런 심리가 무의식화되면서 하고 싶은 게 생겨도 죄책감이 먼저 들고 포기해버리는 무기력증이 습관이 됐던 것 같아요. 그러다 어떤 계기로 '살기 위해서는 여기서 도망가야 할 것 같다' 생각이 들어서 서울로 도망갈 계획을 세웠거든요. 수능 끝나고 부모님께 대학 구경 간다고 거짓말하고 서울로 도망갔죠. 부모님을 충족시켜주려고 나까지 속였던 게 결국 내 20대가 되더라고요. 내가 하고 싶은 것을 한다는 게 너무 어렵게 느껴지고, 그게 정말 대단한 용기가 필요한 거구나 생각하면서 살았어요. 10대 때의 경험이 계속 자신을 갉아먹는 재료가 되는 거예요. 뭘 해도 죄책감과 부담감을 느끼면서 하다 보니 집중도 안 되고… 해도 애매하게 실패하고요. 어느 순간 이게 끝이 정해진 삶의 과정인 걸 알았어요. 아마 나는 포기하게 될 때까지 한 다음에 그 뒤론 포기한 걸 합리화하고 사는 어른이 될 것 같은 그림이 그려지더라고요. 꼰대 되기 딱 좋은 사람이었죠.

'놀룩'을 하면서도 제 키워드는 '10대'라는 걸 그때의 경험에서 확인했어요. 시골에서도 10대들을 만나서 활동할 때가 있거든요. 그런데 그 시간을 보내고 오면 잠을 못 자겠는 거예요. 아이들의 '자신 없음'도 그렇고, 또 초등학생이라도 이미 어른들의 편견은 다 흡수해서 가진 아이들이거든요. 몸만 덜 자랐지, 편견 덩어리예요. 또 하고 싶은 건 있지만 실천하기는 어려워하는 상태로 살아가는 그 느낌이 저한테 자극이 된 거예요. 아이의 그런 상태를 마주하는 것이 힘들지만, 나조차도 아직 그걸 외면한다는 사실이 더 무겁게 다가왔어요. 내가 하는 것에 있어서 평가하고 제재하고 난 늦었어라고 생각하는 거죠. 아직 아이들한테 내가 진짜 조언을 해줄 수 있는 용기 있는 사람도 아니라는 사실이, 그게 아마 제가 더 아팠던 이유일 것 같아요. 그 10대들에게 에너지를 주려면 먼저 내 10대를 마주하고 깨야 하는 거죠.

그래서 이걸 중심으로 '놀룩'에서도 10대에게 흥미로운 자극이 될 것 같은 활동을 구상해요. 예를 들면 스피커 메고 다니면서 초등학교 앞에서 즉흥으로 노래나 랩을 했어요. 그러면 아이들은 관심 가지거든요. 비아냥대든 재밌어하든 계속 따라는 다녀요. (웃음) 그러다 코로나 영향도 있고 쫓겨나기도 하니까 영향력을 더 가지고 나타나야겠다. 힘을 더 키워서 유튜브 구독자 천 명 정도 되는 성의 정도는 보여야겠다고 생각했어요. 그렇게 나타나면 애들이 눈빛이 달라질 거라고 생각해요.

생각해 보면 '하고 싶은 것을 한다'라는 건 엄청 큰 키워드잖아요. 근데 사실 당연한 감각이기도 하거든요. 기어 다니던 아이가 걷게 되는 것처럼 당연한 감각이요. 그런데 사회적인 위치에 놓이게 되면서 그 감각이 잘려 나간다고 생각해요. 만약 하고 싶은 걸 할 마음의 힘이 있으면 이상한 행동을 안 하게 돼요. 반대로 그런 것들을 전혀 못 하게 되면 이상한 걸 하고 싶게 돼요. 한 가지 예로 아이들에게 하고 싶은 거 하라고 하면 "옆에 친구 때려도 되는 거야?" 이렇게 오해하는 아이들이 생기는데 그건 하고 싶은 걸 아무것도 못 하니까 하는 말인 거예요. 아무것도 할 수 없어서 답답해진 아이가 옆 친구를 때리고 물건도 던지는 거란 말이에요.

그래서 우리가 하고 싶은 걸 하는 건 너무 당연하고, 저는 그 감각을 노래든 춤이든 그들이 느낄 수 있는 형태로 10대들과 나누고 싶어요.

행자님을 처음 봤을 때 아이들과 허물없이 미끄럼틀에서 놀고 있었어요. 그래서 그땐 그냥 '재미있는 사람이네' 생각했는데, 속으론 확고한 가치관이 있었네요.

행자: 네. 그래서 그 수업이 끝나면 마음이 정말 힘들었어요. 그렇게 2년 동안 수업했거든요. 그런데 결국 제가 하는 수밖에 없는 것 같아요. 제 경험상 내가 하고 싶은 걸 하니까 훨씬 더 행복해진 건 확실하거든요. 그래서 '너 이렇게 해!'보다는 '나는 이렇게 하고 있어서 행복해. 너도 같이 해볼래?' 이런 방식으로 다가가고 싶어요.

학생들이 겪는 10대의 삶이 교육과 결부되어 있다고 생각해요. 그런데 어떤 강의에선 "하고 싶은 게 뭐야?"라고 질문하지 말라고 하더라고요. 그 친구들의 내면에는 본인도 발견 못 한 것들이 있을 수도 있는데, 그걸 꺼낼 수 있도록 유도하는 게 참 어렵게 느껴졌어요.

세현: 생각해 보면 우리도 그랬잖아요. 저도 어른들 있는 자리에서 정말 얘기 안 했던 것 같아요. 그 공간 자체도 싫었고, 그런 프로그램도 오그라들었어요.

행자: 저는 그것도 거짓말로 일관했던 것 같아요. 어른들이 딱 제일 좋아하는 거 싹 모아서요. 그때 뭐라고 했었는지 정확히 기억나요. '춤추고 노래하는 한의사'가 되겠다. (웃음) 그러면 어른들이 너무 좋아해요. 그렇게 거짓말하면 그 순간을 모면할 수 있는 거죠. 서울 도망갔을 때도 경희대 사자상이랑 분수 앞에서 사진 찍고 부모님께 보내드렸어요. (웃음) 지금 생각하면 정말 거짓된 삶이었어요.

세현: 저도 행자처럼 아이들 만나는 수업 갔다 오고 나면 이상하고 찝찝한 기분에 휩싸였어요. 왜 그런지 정확히는 모르겠지만… 그래서 행자와 대화를 많이 나눴던 것 같아요. 우리가 이런 식으로 한다고 아이들의 답답함이 해결될까 하는 두려운 생각들이 있었어요. 행자가 그랬거든요. "우리랑 함께하는 시간이 아이들에게 일차적인 해소만 되는 것 같은데 괜찮은 걸까? 어차피 아이들은 일상으로 돌아가면 똑같으니까…"

내 눈치 그만 보고 놀자!

행자: 집이 됐든 학교가 됐든 똑같은 대우를 받으러 돌아가 잖아요. 나한테 와서 화풀이, 분풀이… 저희 역할이 그들 감정의 뒤처리를 정성스럽게 해주는 일 같아서 그게 기 빠지더라고요. 어차피 마음이 그런 상태인 아이들은 집에 들어가면 대우를 제대로 못 받고, 혼자서 게임 하다가 나와서 친구들 괴롭히고요. 그러니까 그 감정이 우리에게로 올 수밖에 없었던 거죠. 아이들이 던지는 질문이 '당신, 뭐 있어요?' 이런 식이에요. 그건 너무 열 받는 표현이란 말이에요. 그런데 "돈 많이 벌어요? 그래서 뭔데요? 뭐 10만 유튜버예요?" 하는 말이 사실 핵심을 담고 있다고 느껴졌어요. 내가 내 활동에서 뚜렷함 없이 이 친구와 비슷한 상태로 나이만 든 모습을 인정하기가 너무 힘들었다고 해야 하나…

마을을 바꾸는 게 나부터라는 이야기가 그래서 나온 것 같아요. 내가 전달하고 싶은 얘기가 있으면 명확하게 자극을 줘야 하는데 그런 게 없이 모션만 하고 있으니까 자꾸 질문을 받는 거란 생각이 들었어요.

너무 공감이 가네요. 저 역시 혼자서는 청소년의 방대한 문제를 해결할 수 없으니까 '나 만나는 시간이라도 이 친구들이 평소에 할 수 없었던 걸 같이 고민해 보자' 정도로 활동하게 되더라고요. 여기서 더 발전하기가 어려운 것 같아요.

> 행자: 맞아요. 그래도 그렇게 하는 게 속도는 느리더라도 또 천천히 나아지잖아요. 지금 이 환경에 맞게 작은 활동을 하는 것 역시도 가치가 있고 필요한 일 같아요.

어느덧 마지막 질문이네요. 그간 많은 변화가 있었고 지금도 변화하는 중이죠. 가까운 미래에 두 분은 어떤 사람일 거라고 생각하세요?

> 행자: 저는 간단한 한 문장으로 얘기할 수 있는 것 같아요. '다양한 직업으로 불리는 사람'이 될 것 같아요. 우리는 사실 다양한 관심사가 있는 사람이라는 걸 많은 사람이 알았으면 좋겠어요. 그 안에서 몰두하고 있는 몇 가지가 있겠죠. 그래서 그땐 지금보다 더 명확한 몇 가지를 가진 사람으로 불릴 것 같고, 그랬을 때 제일 좋을 것 같아요. 내가 하고자 하는 부분들을 조금씩 해나간다면 그렇게 돼 있을 것 같아요. 가능한 미래로 느껴지는 모습이에요.

> 세현: 저는 무엇보다 나랑 더 잘 지내는 내가 되고 싶고, 함께 사는 행자랑도 잘 지내고 싶어요. 그리고 미래에는 내가 지금 쌓아놓은 것들을 사람들이랑 나누면서 살지 않을까… 저는 항상 나누고 싶거든요. 근데 지금은 더 가다듬는 중이고요. 그래서 지금은

내 눈치 그만 보고 놀자!

나를 잘 보살피고, 앞으로는 사람들이랑 나누면서 사는, 딱 그거면 될 것 같아요.

아라

그건 진짜 강한 게 아니야

"

생각보다 잘하는 게
'여자'가 아니라
수천 킬로미터를 걸어왔던
'조아라'여서 잘 하는 거예요.
아웃도어 활동을 즐기는 여성이
더 많아져서 '여자'라는
조건이 붙은 말은
그만 듣는 날이 오면 좋겠어요.

"

그건 진짜 강한 게 아니야

아라(구례)

송현, 보석, 유나

요즘 어떻게 지내나요?

아라   요즘은 진짜 별거 안 하는데… 요즘에는 주로 회사 다니고 있고요. 취미로는 클라이밍과 민화를 배우고 있는데 요즘 제일 재밌어요. 클라이밍은 아직 팔 힘이 좀 약해서 힘을 기르는 것과 어떻게 하면 편한 자세로 매달릴 수 있는지 수업을 듣고 있어요. 클라이밍도 집중을 해야 할 수 있는 운동이고, 민화도 마찬가지라서 그것들을 찾게 되더라고요. 제가 생각이나 고민이 많은데 그런 걸 잊고 집중하고 쉴 수 있게 해줘서 좋아요.

지리산으로 왜 오게 됐는지 그 배경을 듣고 싶어요.

원래 호주 워킹홀리데이를 가려고 준비를 하고 있었어요. 제가 갈 수 있는 마지막 나이였거든요. 그런데 비자가 계속 안 나오는 거예요. 그 와중에 하동에 살던 친구가 "양수 댐 반대 시위를 해야 하는데 사람이 한 명이라도 더 있으면 좋으니 혹시 와줄 수 있냐"라고 해서 구례로 향하던 기차에서 비자 합격 메일을 받았어요. 알고 보니 생일까지 같은 동명이인이 한 번 갔다 왔고, 그걸 증명할 주민등록증이 한국밖에 없으니까 비자 합격 연락이 늦었던 거예요. 보통은 일주일 정도면 비자가 나오는데, 저는 3개월 동안 비자가 안 나온 거라 힘든 마음이었어요. 호주 비자가 나오면 가서 일할 생각으로 돈도 안 벌고 있었거든요.

그렇게 하동에서 친구들이랑 마음 편하게 있다가 구례에 놀러`가보라는 권유를 받고 구례로 오게 됐죠. 마침 친구가 지낼 공간을 제공해주고, 일도 같이해보자고 제안을 하더라고요. 그런데 호주를 갈 수 있는 마지막 기회라 많이 고민했어요. 일단 가족들이 일본에 살아서 호주에 가져갈 짐을 다 들고 일본으로 갔어요. 그런데 가족들과 이야기 나누던 중 호주보다는 지리산에 가는 게 좀 더 편하고 재밌을 것 같다는 말이 나와서 지리산에 오게 됐어요. 친구들이 계속 꼬시니까 그 꼬드김에 당했죠. (웃음)

아라님은 PCT를 다녀왔죠? PCT는 어떻게 다녀온 거예요?

PCT는 'Pacific crest trail'이라고 미국에 유명한 3대 트레일이 있어요. AT미국 동부 종주, CDT미국 중서부 종주, PCT미국 서부 종주가 있는데 그중에 PCT가 《와일드》라는 작품에서 나와서 유명해졌어요. 총 4,300km에요.

인도 여행 때 프랑스 친구들 덕분에 라다크라는 북인도 지역을 짧게 트래킹 했는데, 그때 기억이 너무 좋았거든요. 그런데 여행에서 돈을 다 쓰고 오는 바람에 다녀오고 나서 우울증처럼 현타가 세게 왔어요. 저는 힘든 일이 생기면 영화로 도피를 하거든요. 그때 '안 되겠다, 영화 보러 가야겠다' 해서 서울에 독립영화상영관에 가서 아무거나 봤는데 그때 《와일드》가 상영된 거죠. 제가 여행했던 순간이 보이는 느낌이었어요. '저 길이 도대체 뭐지?'라는 궁금증을 3년 동안 갖고 있다가 결국 가게 된 거예요. 3년 동안 갈 수 있을까 말까 생각을 하다가 그 길을 갔다 온 친구들을 만나서 이야기를 들었어요. 2017년부터는 진짜 그곳에 갈 사람들 모임에 나갔고 2018년에는 퇴사를 했죠.

모임에선 장비에 대한 노하우나 정보를 공유했어요. 그중에서 해외여행 경험이 적었던 한 분과 같이 갔고요. 저는 그때 되게 잘난 척했거든요. (웃음) "저는 한국 사람들이랑은 안 가고 싶어요" 하면서. 그분에게 "저는 한 달 동안만 같이 걷고 이후로는 제 길을 갈게요" 이랬는데, 막상 한국 친구들이랑 같이 있으면 너무 재미있어서 6개월 정도 같이 다녔었죠. (웃음)

다녀오고 몇 달은 아플 것 같아요.

　　네. 진짜 가방 안에다가 준비물을 다 넣어야 해요. 지리산 같으면 산을 어떻게든 내려가면 민가가 나오니까 괜찮은데, 미국은 땅이 너무 넓어서 길게는 한 7일 치 식량을 메고 다녀야 해요. 산에 물이 없어서 물을 진짜 많이 가져가야 하는데, 많이 가져갔을 땐 물만 8리터를 가져간 적도 있어요. 그런 게 쌓여서 요새 아팠던 것 같아요. PCT가 끝나고 잘 못 먹는 바람에 염증이 계속 왔거든요. 3년이 지났는데도 후유증이 있네요.

그럼에도 걷길 선택했던 건 어떤 부분이 좋아서였어요?

　　여러 가지 부분이 있었는데, 일단 길이 너무 아름다워요. 태어나서 처음 보는 멋진 자연환경을 보는 게 쏠쏠한 즐거움이었고요. 또 4,300Km를 걸으면서 만나는 수많은 사람과 친구가 되는 기쁨, 수많은 문화를 몸소 체험하는 즐거움, 함께 걷는 친구들과 느끼는 동지애, 그리고 그 길 위에 있는 내 모습도 정말 멋지게 느껴졌고요. 또 길을 걷는 나를 응원해주는 사람들에게 받는 끝없는 사랑 등 길을 걷게 해주는 원동력은 너무 많아요. 그 길을 좋아하는 이유는 백 가지도 넘게 나열할 수 있을 것 같아요. (웃음)

그건 진짜 강한 게 아니야

그렇게 큰 여행을 하고 오면 변화가 생기나요? 저는 그런 경험이 없어서
어떻게 달라지는지 궁금해요.

딱히 바뀐 느낌은 없는 것 같아요. 그렇지만 나의 패턴이나
내가 어떤 사람인지에 대해서 확실히 알게 되는 부분은 있어요. 6
개월의 인도 여행이 끝나고 사람들이 "갠지스강에 가서 깨달음을
얻어왔어?"라고 많이들 물었거든요. (웃음) 저도 처음엔 깨달음을
얻고 나를 찾고 와야지 이 생각을 했는데, 어느 순간 '도대체 내가
찾는 나는 뭐고, 지금의 나는 뭐지?'라는 생각이 들더니 별거 없이
그냥 재미있었다는 느낌만 남았어요.

그런데 PCT 갔다 오고 나서는 그 말이 이해가 갔던 게, 철학
적으로 '나를 찾았다' 이런 것보다 내 패턴을 알 수 있었어요. 나는
어떤 음식을 먹어야 에너지가 나는지, 하루 생체리듬은 언제가 가
장 좋은지 이런 것들이요. 함께 걷다 보면 아침에 일찍 일어나는
게 어려운 친구들이 있는 반면에 아침에 빨리 가야 마음 편한 친
구들이 있거든요. 처음엔 그게 조율이 안 돼서 싸워요. '너는 왜 이
렇게 느리게 준비하냐', '너 먼저 가면 되지 왜 그러냐' 이런 식으
로요. 그런데 두세 달 정도 지나면 각자 준비해서 일정을 소화하
고 일정이 끝나면 서로 기다려주고 만나서 재미있게 노는 게 가능
해져요. 이런 것처럼 스스로한테도 그런 것 같아요. 나를 알아가는
게 되게 좋았어요.

그리고 PCT 갔다 온 사람들 얘기 들으면 각자 선호하거나

추천하는 장비가 있어요. 그런데 매년 계절이나 상황에 따라 준비물이 달라지거든요. 2017년에는 비가 많이 와서 진짜 위험했던 구간이 있고, 2019년에는 가뭄이고. 이런 식으로 그때마다 입는 옷이 달라지는 거죠. 처음엔 그걸 모르니까 너무 많은 정보를 받는 게 힘들었어요. 또 PCT 전체를 걷는 사람이 있고, 중간을 스킵하면서 걷는 하이커들이 있어요. 스킵한 하이커는 진짜 하이커가 아니라는 식으로 무시하는 경향도 있고요. 저도 최대한 스킵하지 않고 걸으려 했는데 마지막에 폭풍이 불고 몸 컨디션도 너무 좋지 않아서 약 20km를 스킵했어요. 그때 약속을 어긴 것 같아서 마음이 불편했는데, 한편으론 너무 좋더라고요. 그때 알았어요. 각자의 스타일대로 걸으면 된다는 걸. 누구는 이게 옳다, 저게 옳다 하는데 그런 건 중요하지 않다는 걸요.

아라님이 스킵하지 않으려 했던 것도 '진짜 하이커'로 인정받고 싶어서였나요?

음… 걸은 지 한 4일째 되는 날에 같이 준비하고 시작했던 선생님 한 분이 돌아가셨어요. 그분은 원래 산티아고를 여섯 번 정도 걸으셔서 여행에 대한 자신감이 있던 분이었는데, PCT 오기 직전에 고혈압약을 바꿔 오시는 바람에 되게 힘들어하셨거든요. 그렇게 나흘째가 됐는데, 선생님이 심장마비가 왔다는 거예요. 함께 하는 친구들 다 같이 LA로 가서 장례식을 참여했죠. 유가족분들과

그건 진짜 강한 게 아니야

인사를 하고 다시 PCT로 돌아와서 걸으려고 하는데, 나도 모르게 이 길을 다 걸어야 할 것 같은 느낌이 들었어요. 계획에는 없었지만 길을 조금이라도 놓치고 싶지 않다는 마음이 들었고, 같이 갔던 네 명의 친구 모두 같은 마음으로 돌아가신 선생님의 유품을 들고 걸었어요.

타국에서 모두가 정말 힘든 일을 겪었네요... 그런데 여행을 준비하는 과정도 만만치 않았을 것 같아요.

여행 가기 전에 서울 원룸에서 살았어요. 원래 인도에서 요가를 배우고 싶어서 돈을 열심히 모으고 있었는데 취직이 된 거예요. PCT는 취업해서 모은 돈으로 원룸 보증금과 퇴직금, 마지막 월급을 다 합쳐서 가게 됐고 다 쓰고 왔어요. 여행이 끝나고 와서 제가 얼마나 가난하게 살았는지 몰라요. 3년 넘게.

그리고 다시 영화로 회복하고요? (웃음)

네. (웃음) 그런데 이번에는 영화로도 회복이 안 되는 지경이에요. 이런 거 어떻게 생각하실지 모르겠는데, 제가 PCT 끝나고 나서부터 삼재가 시작됐거든요. (웃음) 정말 하는 일이 다 안 되는 거예요. 스트레스를 너무 많이 받아서 힘들었어요. 호주 워킹홀리데이 비자 문제도 그때 일이에요. 모아둔 돈도 없으니 서울에서 친구들 집을 전전하다가 그걸 본 친구 중 한 명이 자기 집에 와있으라고 해서 전주에서 살다가, 호주에 갈 마음으로 짐을 다 싸서 가족이 있는 일본으로 갔었죠. 그런데 호주 비자가 안 나오면서 구례로 오게 된 거고요.

일본, PCT, 인도 여행, 구례... 엄청나게 다양한 곳에서 살아오셨네요.

헷갈리죠. (웃음) 저는 20살까지 서울에서 살면서 컴퓨터 그래픽 디자인을 전공했어요. 스무 살 되자마자 일본 유학하면서 대학교 3학년 때 자퇴했고요. 이후에는 서울에서 다큐멘터리를 배웠어요. 그게 끝나고 제주도에 가서 자전거로 일주를 했고, 게스트하우스 스텝으로도 일했어요. 그리고 다시 서울에서 돈을 모아서 6개월 동안 인도 여행을 갔고요. 다녀와서 일을 구해야 하는데 그때 제가 삭발을 했더니 서울에서 아르바이트가 안 구해지는 거예요. (웃음) 면접에 계속 떨어지다가, 가방 모조품을 파는 숍에서 일하게 됐는데 2만 원짜리 가방을 50만 원에 팔기에… 양심에 찔려서 한 달 만에 그만뒀어요. 서울에서는 못 지낼 것 같아서 제주 우도에서 숙식 제공되는 카페에서 일하면서 1년 반을 살았고요. 그러다 친구에게 서울 영상 회사에 입사해보라는 제안을 받았고, 혹시나 하는 마음에 이력서를 넣고 면접을 봤는데 붙은 거죠. 그곳에서 1년 반 동안 일하고 PCT를 갔어요.

그건 진짜 강한 게 아니야

와… 20대 자체가 하나의 영화 시나리오 같았어요. 지금은 국립공원에서
지리산 반달곰을 추적하는 일을 한다면서요. 이 직업도 특이하더라고요.
어떻게 하다가 지금 일을 하고 계신 거예요? 혹시 PCT랑 연관이 되는 건
가요?

　　　PCT를 걸었을 때 미국의 국립공원을 지나가면서 국립공원
에서 일하고 싶다는 생각을 많이 했는데 한국에 돌아오고서 지리
산 둘레길을 관장하는 '숲길'이라는 단체에서 청년 일자리 창출 사
업으로 취업하게 됐어요. 그렇게 '지리산 국립공원'까지 연결이 돼
서 일하고 있어요.

일 하면서의 하루는 어때요?

　　　매일 반달곰의 위치를 추적해요. 곰 귀에 발신기가 있어서
위치 추적을 할 수 있거든요. 큰 트랩 안에 먹이를 넣어서 곰이 들
어갈 수 있게 만들고, 들어오면 개체 보호를 위해서 건강검진을 해
요. 그러면서 뭘 먹고 다니는지도 알아보고요. 어쩌다 다치면 치료
를 요청하기도 해요.

정말로 곰들을 직접 보시는 거네요! 곰과 정들 것 같아요.

　　　정든 친구가 한 마리 있어요. 반달곰 개체는 숫자를 붙이는
데 '75'라는 곰은 아기 때부터 거기서 살았는데, 사람을 너무 좋아
해요. 원래는 작았다고 하는데 지금은 저보다 커요. 제가 코 만져

주면 좋아서 냄새 맡고 그래요. 물을 좋아해서 물 뿌려주면 좋아서 뒹굴어요.

지금도 하고 싶어서 참고 있거나 준비하고 있는 게 있나요?

아까 얘기했던 PCT 말고 다른 두 가지 길이 더 있잖아요. 그 중에 CDT를 가고 싶어요. 그런데 코로나도 그렇고 지금 제 무릎도 좋지 않아서 모르겠어요.

'지리산게더링'에도 운영진으로 계시죠?

'지리산게더링'은 안전한 장을 만들어서 재밌게 놀아보자는 마음으로 만들어진 모임이에요. 올해 봄부터는 '숲밭'을 만들어서 농사를 짓기 시작했어요. 작물 다 자랐을 때 위에서 보면 주먹을 쥐고 있는 여성 해방 마크를 볼 수 있도록 독특한 모양으로 밭을 만들었는데, 지금은 구례 군민분들과 동네 주민들, 그리고 기획한 지리산 친구들이 다 같이 경작을 하고 있어요. 그런데 저는 농사짓는다고 말하기 애매한 게 가끔 가서 물만 주는 정도예요. '지리산게더링'을 함께 하는 친구들이 거의 '숲밭'을 돌봐주고 있어요.

지역에서 살아보니 어땠어요? 지역에서의 삶이 아라님에게 어떻게 다가갔는지 궁금해요.

자연환경은 너무 좋은데… 그냥 별생각 없이 사는 것 같아

그건 진짜 강한 게 아니야

요. 다른 곳과의 차이를 크게 느끼진 않았어요. 그리고 요즘은 서울 가고 싶다는 생각도 살짝 들어요. 여기에서 내가 하고 싶은 게 없다는 느낌이 들어서요. 내가 배우고 싶은 것들이나 친구들이 곁에 있으면 좋을 텐데 여기는 그런 점이 쉽지 않으니까 도시 생활이 그리운 거 같아요. 그래도 당분간은 있을 거예요.

경제적인 부분은 회사 일을 통해서 만들고 있나요? 앞으로는 어떻게 하고 싶어요?

내 것을 만들어야 할 것 같아요. 지금 하기 싫은 일을 하면서 돈을 버는 게 괴로워서 영상처럼 내가 좋아하는 것의 전문성을 기르고 싶어요. 일하는 시간을 줄이고 돈을 벌 수 있는 거리는 늘리고 싶어요. 예를 들면 영상 일 같은 거죠. 제가 영상 일을 정말 잘한다는 생각은 안 들지만, 그렇다고 아무 회사나 다니고 싶진 않아요. 제가 주체적으로 할 수 있는 일을 만들어가고 싶은 생각이 있는데 그러려면 많은 노력이 필요하겠죠.

그동안 어떤 영상작업을 해오셨어요? 영상 일은 재미있었나요?

회사 다닐 때는 여행 영상을 만들었어요. SNS에서 여행 위치를 소개하거나 광고 만드는 영상이었어요. 길게 했던 일은 그것뿐이고 잡지에서 뷰티 영상이나 화보 스케치 영상을 짧게 담기도 했고요.

그런데 영상 일은 재미있었지만, 이 분야가 철저히 실력으로 나뉘다 보니 괴로움도 많이 느꼈어요. 진짜 잘하는 애들은 확실히 보여요. 스무 살 되자마자 그 바닥에서 일한 선배들은 편집할 때 손이 안 보여요. 한 번은 제가 촬영 감독님들을 이끌고 리드해야 하는 상황이 있었는데, 너무 쫄리더라고요. 난 리더십이 정말 없구나, 어른스럽게 일거리를 나눠주고 요청해야 하는데 그 순간엔 머릿속이 하얘지면서 괴롭더라고요. 그래도 여행 영상 만들 때 해외 이곳저곳을 돌아다닐 수 있어서 좋았어요.

그런 순간에 드는 아라님의 현타는 잘 해소하고 있나요? 앞으로는 이걸 어떻게 녹여내고 싶나요?

슬프게도 저의 현타는 현재 진행형이에요. 하지만 해보지 않으면 너무 후회할 것 같아서 두려워도 이겨내고 시작해보고 싶어요. 내년에는 직업적으로 좀 더 전문적인 능력을 키우고 싶은데요. 할 수 있는 곳에서 포기하지 않고 최선을 다해볼 예정이에요. 영상 일에서 느꼈던 두려움을 씨앗 삼아 언젠가는 제 다큐멘터리를 꼭 만들어 보고 싶어요. 하지만 급하게 하진 않을 거예요. (웃음)

그건 진짜 강한 게 아니야

아라님이 찍고 싶은 영상 주제가 있나요?

요즘에 아웃도어 활동하는 여성들의 이야기를 하고 싶다는 생각을 하고 있는데 어떻게 될지는 모르겠어요. 작년에 개인적으로 찍은 건 《아라가는 지리산》 인터뷰 영상이었는데, 주제는 '산을 좋아하는 여성들'이었고요. 각자 다른 이야기를 가진 4명의 여성을 인터뷰했어요. 영상은 '지리산 이음' 홈페이지에서 확인할 수 있어요.

여성이 아웃도어 활동을 하는 것에 대해서 부정적인 이야기들을 자주 들어요. 그런데 그건 성별의 문제가 아니라 개인 역량의 문제거든요. 그래서 영상에 여성으로서 어떻게 활동을 하는지, 장거리 하이킹을 할 때 생리는 어떻게 처리하는지 등 불편한 점도 함께 다루고 싶었어요.

확실히 여성과 아웃도어 활동은 사회적으로 생소한 것으로 치부되고 있죠. 그러나 그 가운데서 사회의 편견을 깨는 성과가 나오기도 하고요. 아라님이 극복하고 싶은 편견이 있는 거죠?

네. 제가 여행 다녀온 이야기를 했을 때 '여자가 대단하다', '여자가 겁도 없다' 이런 이야기 많이 듣거든요. (웃음) 또 제가 산을 잘 타면 '여자인데 생각보다 잘한다'라는 조건이 늘 앞에 붙었어요. 늘 '여자'라는 단어가 수식어처럼 붙는데, 그럴 때마다 좀 열받더라고요. 모든 아웃도어 활동의 능력은 개인이 가진 체력과 에너지에 따라 달라진다고 생각해요. 남자여서 더 잘 걷는다거나 여자여서 더 못 달리는 게 아닌 거죠. '여자인데 생각보다 잘하는' 게 아니라 수천 킬로미터를 걸어왔던 '조아라'여서 잘하는 거예요. 아웃도어 활동을 즐기는 여성이 더 많아져서 '여자'라는 조건이 붙은 말은 그만 듣는 날이 오면 좋겠어요.

그 강인한 에너지가 저에게도 전달되네요. 몸을 자주 사용하는 아라님의 강인함은 어떻게 생겼고, 몸을 자유롭게 사용하는 자신감은 어디에서 나오나요?

제가 사랑하는 자연에서 있을 수 있는 게 좋아서 자주 몸을 사용해요. 긴 길을 걸으면서 드넓게 펼쳐진 풍경을 끝없이 보고 싶고, 높은 곳에 올라서 웅장한 풍경을 보고 싶었어요. 좋아하니까 자주 하게 되고, 자주 하다 보니까 자연스럽게 몸도 마음도 단단해진 것 같아요. 그렇다고 제가 몸을 자유롭게 쓰는 사람은 아닌 것 같은데 제 생각에 그런 분은 춤을 잘 추시는 분들인 것 같아요.

근데 몸에 대한 자신감은 있죠. 그 기반은 지금까지 걸은 모든 길 위에서의 경험 덕분이에요. 여전히 아웃도어 활동에서 늘 제 한계를 느끼긴 하지만, 그 한계를 깨고 부족함을 채우고 싶은 마음에 더 자주 몸을 사용하는 것 같아요. 제가 가진 지구력의 밀도도 조금씩 높아지고 있고요.

그건 진짜 강한 게 아니야

그렇다면 아라님이 살고 싶은 세상은 어떤가요?

　　누구나 꿈꾸고 그 꿈을 이룰 수 있는 세상이 되었으면 좋겠어요. 스스로가 가지고 태어난 것들에 짓눌리지 않고 하고 싶은 걸 마음에 짐 없이 마음껏 펼칠 그런 세상이요. 그런 세상은 왠지 무지개 빛일 것 같아요. (웃음)

© 조아라

© 조아라

사사

직감은 당신 안에

"

내 행동이나 말이
진짜 내 목소리이고 싶어요.
내가 살아온 색깔이나 결대로
말하는 것이 정말 내 목소리가 되도록
그 노력을 멈추고 싶지 않아요.

"

직감은 당신 안에

사사(함양)

송현

사사님의 별칭은 '사사롭다'에서 왔다면서요. 별명은 어떻게 짓게 됐나
요?

사사   그러니까 지금으로부터 한 26년 전, 제가 스무 살쯤에는 '하
이텔'과 같은 초기 채팅 문화가 생길 때였어요. 온라인 활동을 하
는데 모두 닉네임을 갖고 있더라고요. 난 어떤 별명으로 할까 하다
가 '사사'로 했죠. '사사롭다'라는 단어를 초등학교 때부터 좋아했
어요. 무슨 뜻인지도 모르는데 입에 감기더라고요. '좋아, 그럼 거
기서 사사만 따서 하자' 표기도 쉽고 발음도 쉽고. 외국에 나가서
도 그 이름으로 활동을 했어요. 제 본명이 '김현임'인데 발음하기
가 힘들잖아요.

확실히 외국인들이 부르기도 편할 것 같아요.

네. 아프리카를 갔을 때 현지어로 사사가 '지금'이라는 뜻이
에요. 그러니까 그 사람한테는 웃긴 거죠. 사람을 멀리 부를 때 "철
수!" 이게 아니라 "어이, 지금!"이라고 불러야 하니까요. 그래도 마
음에 드는 이름이에요.

함양에 오신지는 얼마나 되신 거예요?

2014년에 전입신고를 했으니까 8년 차로 넘어가겠네요. 함
양은 오래전부터 알았고, 격주로 주말에 다녀가곤 했어요. 함양 알
기 전에는 남원을 1~2년 왔다 갔다 했고요. 이 지역을 알게 된 건
10년 정도 됐네요.

그때 여길 왔다 갔다 하신 건 시골에 살고 싶어서 그런 건가요?

네. 귀촌 준비하려고 다녔어요. 그때는 혈혈단신이었고 시골
에 연고가 하나도 없어서 귀촌을 시도하기가 쉽지 않았어요. 그래
서 '실상사 귀농학교'를 통해서 귀촌 공부를 시작했고, 그러다가
'남원 귀정사'에서 '귀농·귀촌자를 위한 학교'가 열렸었는데 그곳
의 교장 선생님이 제 멘토 선생님이 돼주셨어요. 그 학교의 마지막
에 동양철학적 관점에서 몸과 건강을 어떻게 바라보는지에 관한
강의가 열렸었는데, 그 내용이 너무 마음에 들었어요. 내가 어차피
시골에서 살 거면 이걸 알아야 한다, 그때 너무 반해서 선생님께

"어딜 가면 이 공부를 할 수 있나요?" 물었더니 '함양 온배움터'라는 곳을 알려주셨어요. 자연의학을 하는 곳이라 해서 단박에 등록을 했죠. 격주 주말마다 1박 2일로 공부하다 보니 함양에 사는 분들도 알게 됐어요. 그게 제 함양의 연고가 된 거죠. 태생적 연고가 아니라 사람들을 만나서 만들어진 연고. 거기에 의지해서 함양에 정착하게 됐어요.

동양의학이나 철학이 마음에 드셨던 건 어떤 이유였나요?

그동안 대학교, 대학원에서 공부하고 일할 땐 굉장히 이성적이고 논리적인 방식이었어요. 서양에서 현대적인 논리로 삶을 설명했다면, 동양적인 것은 '모든 건 다 변해'라고 이야기하는 것 같았어요. "세상은 사계절에 맞춰서 순리적으로 돌아가. 사람의 삶도 다를 수밖에 없는 거야"라고. 현대인의 삶을 보면 계절에 상관없이 아침 9시에 출근해서 저녁 6시에 퇴근하잖아요. 그런데 자연 순리로 보면 겨울에는 동물들이 겨울잠 자듯이 사람도 쉬어주고 봄에는 움직여주는 게 맞겠더라고요. 제 삶도 동양철학이 말하는 방식으로 살고 싶었고, 그게 내 삶의 근거, 중심가치가 되면 좋겠다고 생각했던 것 같아요.

30대와 동양철학은 특이한 조합이네요. 원래 동양철학 쪽으로 관심이 있었나요?

　　　　없었어요, 전혀. 저는 보수적인 교사 집의 맏이로서 굉장히 고정적으로 살았어요. 그래서 대학교 졸업하면 직장 다니고 결혼하고 가정을 꾸리는 게 일반적인 삶이라고 알고 있었고, 패턴 밖의 삶을 전혀 몰랐어요. 동양·서양 같은 구분도 없었죠. 그래서 서른 살 되기까진 주체적으로 내 길을 못 찾아서 드는 답답함과 우울함이 많았어요. 답은 모르겠지만 이렇게 사는 건 정답이 아닌 것 같아, 이렇게 살고 싶지는 않아, 생각했어요.

산청에서 처음 사사님을 만났을 때. 서른 살에 떠난 배낭여행이 삶의 전환점이 됐고, 그땐 반항의 시기였다고 소개를 하셨어요. 그 이야기가 궁금해서 인터뷰를 해보고 싶다고 생각했거든요. (웃음)

　　　　제가 그런 말을 했었나요. (웃음) 류시화 씨의 책 〈지구별 여행자〉를 읽으면서 인도에 대한 로망이 생겼어요. 책 내용에 '사람들은 모두 자기만의 성찰이 있다'라는 얘기가 있거든요. 그 당시 여행하면서 제가 썼던 일기를 봤는데 그때 저의 고민은 '내가 나를 사랑하지 않는다'였어요. 내가 나를 위하지 않는다는 것까지는 발견한 상태더라고요. 다른 사람들은 모두 자신의 자아를 갖고 흔들리지 않고 사는 것처럼 보였기 때문에 '어떻게 흔들리지 않고 살지?', '자기에 대한 확신이 어디 있지?', '나는 그게 가능한 사람인가?', '나에게 그런 확신이 없으면 죽어야지' 이런 생각으로 헤매고 있었어요.

그러다 서른 살쯤에 인도 여행을 갔어요. 장애인들과 함께 가는 특별한 여행이었는데, 그 여행을 이끌어 주신 분의 삶이 제가 알던 '일반적 삶'과 달랐어요. 홍대 쪽에 '캘커타'라는 가게를 운영하면서 '여행'의 방식으로 장애인들이 자립해서 살 수 있는 길에 대한 고민을 하셨던 분이었어요. 그 당시엔 서울 장애인들이 여행 경험을 쌓아서 나중에 여행 인도자가 되면 좋겠다는 꿈을 갖고 계셨던 것 같아요. 저렇게 살 수도 있네, 기존 삶과는 다른 삶이 있네 라는 시각이 열리면서 그때부터 다른 사람의 삶을 세심하게 관찰했던 것 같아요. 그렇다면 내가 알고 있던 삶 말고 다르게 사는 방법을 찾아봐야겠다 생각했던 게 30대 초반이었어요.

그렇게 저같이 관심 있는 비장애인과 여행을 원하는 장애인, 그리고 인도 여행을 많이 해봤던 길잡이 조합까지 여섯 명으로 팀이 만들어졌어요. 두 달간 여행하면서 정한 규칙은 항상 같이 다니기, 채식하기였어요. 여행 동료 중 한 분은 근육이 점점 퇴화하는 장애를 가진 여성분이었는데 처음에는 목발을 짚으시다가 나중에 두 달 후엔 그것조차 어려워져서 휠체어를 타고 다니셨어요. 그래도 여섯 명이 한 팀이 되어 똘똘 뭉쳐서 잘 다녔어요. 처음엔 제가 그분을 도와주는 역할이라고 생각했는데, 중년 주부이셨던 그분이 여행 중에 김치도 담가주시고, 상담도 해주시고, 여러 능력을 발휘

하시는 걸 보니 오히려 제가 도움을 받고 있다고 느꼈어요. 신체적 장애를 넘어 인간과 인간이 만나는 특별한 경험이었죠.

저는 이 여행을 기점으로 자유로워진 거예요. 인도가 주는 분위기도 있고요. 대한민국에서는 대부분 나를 이미 '어떤 사람'이라고 알고 있는데 외국에서 만난 현지인들은 물론이거니와 나와 동행했던 한국 여행 동료들조차 나에 대해서는 정확히 모르니까 거기서 오는 자유로움이 있었죠. 시선으로부터 자유로워지니까 나에 대해서 오롯이 관찰하고 생각할 수 있더라고요. 영적으로도 저에게 감흥을 줬고요. 그리고 나니까 그 전처럼은 다시 못 돌아가겠더라고요. 인식과 의식의 대전환이 일어나니까 이전의 삶의 방향을 취할 수 없었던 거예요.

전환은 어떤 방식의 전환이었나요?

여행을 다녀온 후, 이 세상에는 부모님의 관점에서 설명된 삶만이 옳은 것이 아니고, 다른 삶들도 꽤 괜찮다고 생각했어요. 여행을 통해서 나는 뭘 원하는 사람인지를 찾았던 것 같아요. 돌아오고 반년 내내 다시 나갈 생각만 했어요. 혼자 갈 수 있는 용기도 생겼고요. 여섯 달을 열병 앓듯이 앓으면서 부모님 반대에도 불구하고 다시 인도와 네팔로 뛰쳐나갔었죠.

아프리카로 해외 봉사도 다녀오셨더라고요.

　　2008년에 아프리카로 갔어요. 2005년의 인도 여행의 화두
는 '나를 향했던 사랑이 어디 있는가'였고, 그다음에 떠올라온 질
문은 '타인을 사랑하는 마음은 무엇인가?'였어요. 사람들이 나보
고 착하다고는 하는데 부정해왔거든. 불교 공부를 조금 시작할
때… 그러니까 타인에 대한 사랑에 관심이 있었던 때예요. 마침 저
와 가까운 사람이 출가했었고. 불교에서 중요하게 얘기하는 것
중 하나가 연민심이에요. 다른 사람에 대한 동등한 관심이나 배려,
사랑이라고 말할 수 있는데 나한테 그런 것이 있나 없나를 시험해
보려고 봉사를 간 거예요.

그 확인을 위해 자기를 또 던졌네요. 그 결심이 대단해 보여요. 실행하기가
쉽지 않잖아요.

　　그렇게 대단하지 않아요. (웃음) 내 안의 질문도 있었지만,
누구도 나를 모르는 곳에 가고 싶은 마음이 컸으니까요. 한편으로
는 타인을 위해 봉사하려는 그 마음이 정말 있는지 확인하려고요.
'코이카KOICA, 한국국제협력단'를 통했기 때문에 실행이 조금 더 용이
했던 거 같아요. 나가고자 하는 열망은 큰 추진력이 되어주었고요.
그 당시 1년 넘게 대안학교에서 길잡이 교사를 하면서 문득문득
다른 걸 해보고 싶은 마음이 들던 때이기도 했어요.

해외로 자유로움을 찾아 나가고 싶던 마음은 반대로 말하면 한국에서 있을
때 압박감이 그만큼 컸다는 걸까요?

압박감보다 답답함. 그러니까 나는 여전히 서울이라는 대도
시에 살고 있고 내 친구들은 일반적인 삶의 길로 가고들 있는데 나
는 그 길을 가진 않을 것 같고, 그렇다고 어떻게 가야 할지는 모르
니 불안하잖아요. '아웃사이더'의 삶을 살기로 했는데 그 형태가
굉장히 다양한 데다가 내가 하려는 선택이 정말 맞는지에 대한 불
확실성도 있었고요. 그 와중에 부모님들은 자꾸 쪼죠. 제가 30대
의 안정적인 사회인이 되기를 바라셨으니까요. 그런 잔소리를 듣
고 싶지 않았지만 내 목소리는 당당하지 않았어요. 그러니 내 것
을 쌓으려면 다시 나만의 시간을 가져야겠다고 생각한 거죠. 해외
여행을 간 건 일종의 탈출이자 답을 찾고자 했던 여정이었던, 그런
이중적인 의미가 모두 있어요.

지역살이를 선택한 친구들을 보면 맏이가 많아요. 도대체 맏이들에게 무슨
일이 일어난 건가요? (웃음)

그런 게 있죠. (웃음) 장남, 장녀들은 동생들한테 삶의 본보
기가 돼야 한다는 말이 있잖아요. 저는 공부를 곧잘 해서 대학교
진학할 때까지 학업 관련해서 부모 속을 썩이지 않았어요. 그러다
보니 부모님이 어떤 이야길 하셨을 때 '나는 거기에 맞춰야 하는
사람이구나, 그래서 부모님을 기쁘게 해드려야지!' 이런 생각만 했

직장은 당신 안에

어요. 그러나 한편으로는 그 틀에 답답함을 느꼈죠. 그러다 20대 때 대학교에서 그동안 주어지지 않았던 자유가 살짝 생기면서 방종하게 돼요. 맏이들은 그때가 되면 혼란스러워지죠.

공감이 많이 돼요. 저도 부모님의 기대에 맞춰 살다가 스무 살 된 이후에 방황하고, 혼란스러운 삶이 찾아왔거든요. 그런데 20대 때는 애니메이터로 일하셨다면서요?

네. 초등학교 졸업할 때 만화책을 처음 봤는데 너무 재밌는 거예요. 저희 부모님이 보수적이라고 그랬잖아요. 동네에서 몇백 원짜리 떡볶이를 먹는 것도 허용이 안 됐어요. 불량스럽다고 생각하셔서요. 그래서 하나도 모르고 살다가 중학교 가면서 만화책, 오락실, 분식의 세상을 접하게 됐죠. 친구들과 이런 것을 하고는 싶은데 부모님은 모르시게 해야 하니 그때부터 거짓말을 잘하는 아이가 된 거죠.

그중에 만화가 너무 재미있었어요. 만화라는 세계는 상상 속의 세상이잖아요. 거기서는 현실에 없는 멋있는 사람도 나오고, 현실에서 할 수 없는 온갖 내용이 나오죠. 부모님 말씀을 잘 듣는 아이의 마음 한구석에선 자유롭고 싶었나 봐요. 만화를 보면 마음이 후련해지고 자유로움을 느꼈어요. 만화에 흠뻑 빠지니 만화가가 돼야겠다고 생각하고 고등학교 졸업할 때 만화를 어디서 공부할 수 있나 찾아봤는데, 그 당시에는 전문대 한 군데밖에 없었어요.

거기가 공주전문대 만화학과였어요. 집에서는 '절대 내 딸은 부모와 떨어져 서울 밖으로는 갈 수 없다' 그리고 '(4년제가 아닌) 전문대는 절대 안 된다'라며 강경하셔서 다른 방법을 생각했죠.

그 당시에 디즈니에서 《미녀와 야수》라는 애니메이션이 개봉했는데, 만화 캐릭터는 그림이고 배경은 컴퓨터 그래픽이었어요. 그럼 컴퓨터를 통해 만화나 애니메이션 일을 해봐야겠다고 작정했죠. 세상에 대해 아무것도 몰랐기 때문에 컴퓨터 학과를 가면 그걸 할 줄 안 거예요.

대학교 3학년이 되니 더 이상 컴퓨터 프로그래밍에 관심이 사라지고, 억지로 졸업하고 무료하게 회사를 다녔어요. 그러다 어느 날 신문에 애니메이션 전공 대학원생 모집 공고가 났는데, 제가 대학원에서 공부한다면 부모님은 무조건 '오케이!' 하실 것을 알았기 때문에 입학할 수 있었어요. 이때만 해도 부모님 동의 없이 뭘 해보려고 하지 않았어요.

그게 지금 생각하면 답답한데, 자신의 삶을 스스로 꾸릴 수 없는 20대였던 거예요. 그래서 동의하에 애니메이션 공부를 시작했고 그게 애니메이터로 가는 길이었어요. 대학원에서 배운 건 컴퓨터 3D 애니메이션이었는데 정작 졸업 작품으로는 클레이 애니메이션을 했어요. 대학원 동기들 두 명과 만들었는데 너무 재밌는 거예요. 손으로 하는 아날로그적인 것에 흠뻑 빠져서 그때부터 클레이 애니메이션 회사를 찾았고 거기서 애니메이터로 한 5~6년

직장은 당신 안에

근무했던 것 같아요. 진짜 재밌었어요.

그때는 방황하지 않았나요?

그 당시에는 애니메이션에 푹 빠져 있어서 다른 건 전혀 생각하지 않았었어요. '나는 여기에 뼈를 묻어야지', '어떻게 하면 애니메이션 팀장님처럼 잘 할 수 있지?' 그랬었죠.

어릴 때부터 꿈이 확고하셨는데, 그 꿈대로 갈 수 있는 건 운이 크게 작용한다는 생각이 들어요. 내가 어떤 일이 맞는지 방황하는 사람들이 굉장히 많잖아요.

저도 방황은 했죠. 그 당시에 만화가가 된다는 것은 인정받지도 못하고 학업의 루트가 있는 것도 아니었어요. 만화가나 애니메이터가 되려면 스승을 찾아가서 문하생으로 몇 년씩 묵묵히 가야 하니까 시작하기가 쉽지는 않았죠. 앞날에 대한 보장이 없으니 매 순간순간은 불안하고 혼란스러웠어요. '내가 정말 애니메이션을 할 수 있을까?' 하면서요. 저에게 스토리를 만들 수 있는 창작력이 부족함을 발견하고 많이 좌절했거든요. 이건 창작 활동이고 실력 차이를 실감하면서 갈등이 끊이지 않았죠. 20대였던 그때로부터 20년이 지나면서 삶이 정리되니 굉장히 그럴듯하게 들리는 거지, 실제는 허술해요.

그런데 '운이 작용한다'라는 말씀은 잘 맞는 것 같아요. 여행하면서 영靈이 굉장히 맑았을 때, (웃음) 삶의 작용을 직감적으로 느끼던 때가 있었어요. 그 당시엔 직감적으로 삶을 톡톡 쳐주는 무엇이 있었어요. 이리로 가면 돌아오라고 톡톡 쳐주고, 저리로 또 가면 톡톡 쳐주는 느낌이 있더라고요. 그러다 보니 내 선택에 대한 안도감이 있었어요. 이 직감이 어떻게든 내 삶을 좋은 쪽으로 가게 건드려 줄 거니까, 어느 순간에 '그래, 해보자!'라는 마음이 들더라고요. 귀촌 결심할 때도 그런 느낌이 들었던 것 같아요. 안 그랬으면 부모라는 울타리를 떠나 시골살이를 할 엄두를 내지 못하지 않았을까요?

저는 영혼이 맑은 시기엔 항상 기분이 좋았어요. (웃음) 그런데 내면에서 톡톡 쳐주며 길을 잡아주는 느낌은 정말 믿을 만하겠어요. 함양에는 혼자 오셨잖아요. 그때 부모님이 반대하진 않으셨어요?

그땐 부모님이 포기한 상태였어요. (웃음) 인도를 두 번 가는 내내 반대하셨고, 2년 동안 아프리카 오지로 간다고 했을 때도 무지하게 반대하셨어요. 제가 전자계산학과를 나왔거든요. 그러니 제가 애니메이션을 공부하는 와중에도 아버지는 은행이나 프로그래머 같은 직종으로 가길 바라셨어요. 그런데 저는 결국 애니메이션 회사를 갔고, 회사 그만두고도 프리랜서로 있었던 10년간의 딸내미의 삶을 보고서는 시골 간다고 하니까 '이제 올 게 왔구나' 그리 생각하신 것 같아요.

저는 독신주의자였거든요. 결혼 안 한다고 일찌감치 선언했기 때문에 정말 말 안 듣는 맏이였어요. 부모님은 '자신들이 믿었던 그 착한 딸은 어디 갔냐'라며 실망하셨지만, 그래도 시골 올 땐 딸내미의 안위가 걱정되는 마음에 내비게이션을 사서 시골 내려가는 제 차에 달아주셨어요. (웃음)

맏이가 일찌감치 방황해주는 바람에 동생들은 편했겠네요. (웃음)

제가 그렇게 엇나가서 동생들에게도 "너희도 마음대로 할 수 있어. 엄마, 아빠가 충격에 익숙해져서 강해지셨을 거야!"이랬는데 오히려 두 동생은 굉장히 모범적으로 삶을 개척해서 살고 있어요. 오히려 저만 별종이 됐어요. (웃음)

자식이 둘 이상 있으면 똑같지는 않더라고요. 자식들끼리도 성향이나 삶의 모습이 반대인 점이 재밌죠. 사사님은 다르게 살아보려 지역에 오셨잖아요. 서울에서 지내셨는데 지역살이와 큰 차이가 있었나요?

일단 도시는 소비가 중심인 것 같아요. 삶에서 소비가 떨어질 수 없기 때문에 도시에서 내가 만족스러운 삶을 살고 싶으면 소비가 많아질 수밖에 없어요. 반짝반짝하거나 문화거리들도 많죠. 사람을 만나려고 해도 지금 여기서야 도시락이나 간식 싸서 텃밭에서 만날 수 있지만 도시는 그게 안 되니까 힘들어요. 저는 그 소비가 싫었던 거였고요.

또 주체적으로 사는 부분인데, 예를 들면 음식을 사서 먹는 건 어딘가에 의존하는 거잖아요. 시골에서는 작물을 키운다거나 물물 교환을 하면서 삶의 자립을 실험해 볼 수 있는 환경이 가깝게 펼쳐져 있다는 점이 정말 좋아요. 100% 자립은 아니지만, 생활을 스스로 만들어가는 부분이 있죠. 이건 자기가 삶을 어느 정도까지 디자인하느냐에 따라서 가능한 것 같아요.

사사님을 예로 들면 어떤 부분인가요?

지금 제 남편이 집을 스스로 짓고 있거든요. 물론 집 짓는 기술이 필요한 부분이죠. 도시에서 거주지를 만들려면 집을 소유한 건물주를 만나든가 돈으로 기술을 구매해야 하는데 저희는 손수 지어요. 또 쌀농사도 해보고 텃밭 농사도 할 수 있죠. 시골에선 이런 실험들이 가능한 거예요. 농사지으면서 내 먹거리에 관한 결정을 스스로 할 수 있다는 것. 돈을 주고 사는 행위는 다른 사람의 생산력에 의지해야 하는데, 그걸 오롯이 나와 가족 그리고 더 나아가 이웃과 의논해서 할 수 있다는 점이 가장 다른 점 같아요.

그리고 서울에 있을 때는 연극이나 영화 같은 문화거리 좋아했었거든요. 시골은 그게 잘 없잖아요. 그래서 마음 맞는 사람과 만나면 함께 문화거리를 직접 만들게 되더라고요. 정말 촌스러운 장기자랑조차도 즐거운 파티처럼 만드는 게 우리의 문화예요. 여기 오니까 뭐든지 만들어내는 일을 하게 되는 것 같아요.

시골에선 만들어진 프로그램이 없다 보니 스스로 만드는 점이 분명 있네요. 제 경우에도 마을 친구들과 함께 김장도 해보고, 날을 잡아서 파티도 열어요. 이 방식이 참 새롭더라고요. 그런데 지역에 살아서 어려운 부분도 있으시죠?

　　　　어려운 점은, 서울에서는 어떤 면에서는 관계 맺기가 심플해요. 만나고 싶은 사람 만나고 혹여나 관계가 어그러져서 개선될 수 없으면 관계를 끊더라도 내 삶에 크게 영향을 안 받는데, 지역은 안 그렇더라고요. 귀촌해서 오신 분이든 원주민이든 간에 관계가 흐트러지면 삶이 너무 불편한 거예요. 그래서 관계에 대해서는 어떤 지혜로움이 필요할까… 이건 아마 지금 지역에 사는 사람은 계속 고민하는 지점일 거예요.

사사님은 해결책을 발견하셨나요? (웃음)

　　　　못 찾았어요. 예를 들어 옆집에 조금 거칠고 폭력적인 사람이 있다면, 서울에서는 '이 나쁜 놈!'하고 보지 않으면 괜찮은데 여기는 아니에요. 그들과 학부형으로 만나거나 지역에서 계속 인사하는 사이라도 되기 때문에 어떻게 해야 하는지 고민이 늘어요. 껴안기도 불편하고, 그렇다고 상대방을 고치려 하면 그 시도 자체가 그 사람에게 화를 불러일으킬 수도 있으니 조심스럽죠.

저도 복잡한 시골 동네에서 한적한 곳으로 이동했어요. 사람들은 좋지만 적당한 거리는 유지하고 싶고... 저도 정답은 잘 모르겠어요.

저도 시골 8년 차 되지만 어떻게 함께 살아야 하는지, 마을 회관 가는 것조차 가야 할지 말아야 할지 고민이 많아요. (한숨)

제가 사사님 정보를 좀 찾아보다가 철학에...

아니, 도대체 뭘 찾아보셨길래 (웃음) 제가 철학적인 사람이 아닌데. 어디서 보셨어요!

철학적인 질문을 많이 던지시는 것 같아요. 삶에는 정답이 없잖아요. 지금까지 오랜 기간 화두로 가져가고 있는 게 있나요?

그건 매번 바뀌지 않았을까요? 기억력이 안 좋아서 기록하지 않으면 당시가 잘 기억이 나지 않는데… 음… 화두가 없는 게 요즘의 화두예요. 그러니까 아이러니하게도 아이가 있어서 삶이 많이 변했고 제 밑바닥을 본 소중한 시간이었는데, 가족을 꾸리기 전에는 화두가 일상에서 생생하게 피어오르고 해결이 되는 과정이 반복됐던 것 같아요. 혹시 지나가는 사물들이 얘기를 걸어온 적 있으세요?

아...아니, 그런 건 아직...

예를 들어 (웃음) 채종하고 씨 나락을 키질할 때 바람이 살살 불면서 그 잡티들이 날아가는 그 순간, 그 순간이 저한테 주는 메시지가 있거든요. 결혼 전에는 그걸 잘 감지했던 것 같아요. 그 메시지를 인생의 어떠한 목소리처럼 감지하는 거죠. '아, 그래 좋아. 이렇게 살라는 메시지구나' 이랬다면 아이를 키우면서 그 감지력이 딱 차단되더라고요.

육아라는 게 굉장히 장애예요. 오죽했으면 부처님께서 출가하기 전에 낳은 아이의 이름이 '라훌라Rahula'예요. 장애, 속박이라는 뜻이에요. '너는 나의 장애'라는 의미인데, 부처님이 왜 그랬는지 조금 알겠더라고요.

육아는 나를 찾아가고 성찰하는데 굉장히 좋은 소재예요. 왜냐면 나의 본성을 다 보게 하거든요. 나의 좋지 않은 면, 내가 잘 감춰두고 정제했던 것이 다 까발려지면서 스스로를 보게 하는 아주 좋은 기회예요. 그렇지만 동시에 제 안에서 피어올랐던 화두는 사그라지고 거칠고 예쁘지 않은 날것만 남아요. 그래서 최근 몇 년 동안 제 내면은 아비규환의 상황이에요. 서른 살부터 마흔 살까지 10년간 나를 잘 다듬어줬던 삶의 질문들은 왜 지금은 그때처럼 피어나지 않는가, 그게 지금의 화두예요. 그 삶의 질문들을 다시 만나고 싶어요.

한 개인이 엄마가 되면서 아이에게 온 신경을 집중할 수밖에 없잖아요. 그건 그 전과 비교해서 어떤 변화인가요?

엄청 많은데… 일단 그전에는 내가 내 삶의 주인공이었고 모든 게 나한테 포커스가 맞춰져 있었다면, 육아를 하게 되면요. 내가 잘 안 보여요. 그럼 나중에 공허해지죠. 나는 분명히 나인데 내 의지대로 사는 게 아니라 누군가를 돌보고 보호하기 위해서만 움직이는 것 같은 기분이 들 수 있어요. 심적으로 굉장히 우울해지고, 약해지고, 조금만 건드려도 폭발하게 돼요.

그런데 또 그렇게 흔들리면서 내가 삶을 대하는 방식이 조금씩 강해진다는 것도 느껴져요. 예를 들어 싱글일 때는 인간관계에서 말 한마디에 상처받고, 상대방이 내가 기대하는 행동을 하지 않는 것에 대해서 계속 곱씹는데, 지금은 그런 것에 너그러워져요. 사람이 살다 보면 이럴 수도 있고 저럴 수도 있지 하면서 포용성이 생기는 것 같아요.

대안 교육 길잡이 교사로 있으면서 '아이들은 스스로 자란다.' 이 말의 의미를 많이 느꼈던 반면, 그 뒤에 있는 부모 입장은 잘 이해하지 못했던 것 같아요. 어른들의 손길에 대해 감지가 무뎠고 '아이들'과 '나'만 봤던 것 같아요. 사실 아이와 제일 밀접하게 있고, 가장 관심 있는 사람은 부모잖아요. 그러니까 아이와 교사, 부모. 이 세 꼭지가 잘 돌아가야 아이가 온전히 잘 클 수 있는 건데, 제가 부모가 되어보니 이제야 그들을 이해할 수 있는 여지가

직장은 당신 안에

생기더라고요. 지금 교육 활동을 하고 있지만, 마음속으론 학부형
들을 끌어들여서 의논하고 같이 만들어가고 싶어요.

함양에는 학부모 네트워크가 없나요?

초등학생 이상의 아이를 대상으로 교육지원청 주도의 학부
모 네트워크가 있긴 해요. 저는 여섯 살 아이의 부모니까 보통은
육아 모임에서 네트워크가 만들어지죠. 다행히 함양에는 마음 맞
는 아기 엄마들이 여섯 명 정도 있어요. 저희끼리 모여서 조금씩
활동을 만들어가고 있어요.

**엄마가 되면 교육이라는 문제에서 벗어날 수 없잖아요. 그렇게 되어가는
과정이 항상 볼 때마다 신기하거든요.**

그런 걸 신기해하는 게 신기하네요. (웃음) 나는 승현씨 나이
때 그런 게 하나도 안 궁금했어요.

(웃음) 주변의 양육자를 보면, 뭐든지 아이한테 포커스가 맞춰져 있어요. 아이를 양육하는 과정에서 개인을 잃어버리지 않았으면 좋겠다는 오지랖이 생기더라고요. 그러려면 가족 구성원 안에서 역할 조율이 굉장히 잘 이루어져야겠다는 생각이 들었고요. 아이가 성인이 될 때까지 20년을 함께하는 건데, 그게 지혜롭게 조율되지 않으면 육아는 속박이 되니까요.

맞아요. 자꾸 아이한테만 포커스가 맞춰지는 이유를 생각해보면, 특히나 한국 부모들은 아이와 나를 동일시한대요. 뇌 구조적으로 그러니까 그걸 끊고 싶어도 그렇게 안 돼요. 저도 보면 어느 순간 아이 문제에는 예민해져 있더라고요.

예를 들어 어린이집에서 아이가 다쳐서 왔다면 상황을 알려고 하기보다는 '도대체 관리자는 뭘 하고 있었길래!' 하며 화부터 나는 거죠. 그런데 상황을 알고 나니 이해가 되더라고요.

제가 남편하고 하는 얘기가 있어요. 부모가 어떻게 사는지를 보여주는 것이 아이한테는 진정한 삶의 배움일 거라고요. 저희가 꿈꾸고 만들어가고자 하는 마을 살이란, 어른들이 먼저 재미있게 살고, 싸우지 않고 건강한 논의 과정을 통해서 결과를 만들고, 그걸 또 마을에서 실현해가는 과정이라고요. 그걸 아이들이 보고 자라겠죠. 예를 들어 아이들의 예술성을 기르기 위해 수많은 예술 과목을 만드는 게 아니라 어른들이 자기의 예술성을 발현하려고 하면 아이들은 당연히 그걸 보고 같이함으로써 물든다고 생각해요. 승현씨 말처럼 안타까움이 일어나지 않으려면 어른들이 재미나게 살고 어른들의 문화들을 어떻게 건강하게 만들 것인지에 포커스를 맞추면 좋겠다는 거예요. 어른들은 성숙하지 못한 채 사는데 아이들에게는 현명해져야 한다고 말하는 건 말이 안 되잖아요.

제가 속한 마을 학교에서는 최근에 어른들이 스스로 배우고 성찰하는 과정이 있어야겠다고 생각해서 '기후 위기'를 주제로 활동했어요. 거기선 나는 누구인지, 나는 어떤 행위를 하고 있는지, 순환하고 재생하는 삶이 되길 바라는 각자의 생각들은 어떠한지, 그런 의식이 어디서 왔는지, 어디로 흘러갈 건지를 바라보는 프로그램을 많이 배치해봤어요. 하다 보니 그 방식이 맞다고 느껴졌어요. 자기를 보는 연습이 필요한 것 같아요.

'엄마도 엄마가 처음이다'라는 광고 문구가 떠오르네요. 육아라는 과정은 양육자끼리의 연대 없이 혼자서 헤쳐나가긴 정말 어려울 것 같아요. 실제로 양육자가 됐을 땐 어떻게 해야 할지 모르는 막막함이 느껴질 것 같고요. 그런데 아이가 있으면 어떤 부분이 좋길래 다들 그 길을 선택할까요?

아이가 있어서 좋은 것, 이건 말이나 글로 표현하기 힘든 것 같아요. 왜냐하면 일상에서 갑자기 훅 들어오는 행복감이 있어요. 그중 하나는 세상에서 나를 가장 사랑하는 사람이 아이라는 거예요. 물론 아이가 자라면 안 그러겠지만. (웃음) '전생에 내 자식과 나는 연인 관계 아니었을까?' 생각할 정도로 연애와는 다른 절대적인 사랑의 존재가 실존하는 거죠.

또 하나는, 싱글일 땐 제가 지구와 미래 세대에 관해 이야기한다면 그건 20퍼센트 부족한 말이었던 것 같아요. 내가 했던 기부나 봉사 활동이 정말 다음 세대를 위해서 그랬나? 라고 물으면 아니었던 것 같고, 그저 안타까운 마음에서 했던 것 같아요.

그런데 지금은 정말 다음 세대를 생각하게 돼요. 지금까지 벌여놓은 상황들, 교육, 사회, 문화, 지구 환경은 다 이전 세대들이 만들어낸 거잖아요. 그것에 대한 책임감이 과거보다 확연하게 높아요. 왜냐면 그 결과를 우리 아이들이 받을 거니까. 그래서 해야만 하는 당위성이 전에는 한 90퍼센트였으면 지금은 99퍼센트까지 올라왔어요.

교육을 위한 활동은 당연하게도 양육자들이 많이 참여하게 되지만, 이런 활동에 젊은 세대가 더 많이 참여해야 한다고 생각해요. 그들과 함께할 수 있는 방법에는 어떤 것들이 있을까요?

그게 제가 가진 고민 중 하나에요. 함양에는 모든 교육 활동에 기존 학부모들이 배치돼 있어요. 2030 청년들은 거의 부재한 것 같아요. 최근 마을 학교를 하면서 비양육자 두 분과 함께 했는데 잘 되진 않았어요. 이유를 생각해 보면 이걸 기획했던 저의 경험 부족인 것 같기도 한데, 기존 양육자와 비양육자, 청년층이 보는 아동·청소년 관점 사이에 차이가 있더라고요. 이 차이점을 확인하거나 공유하지 않은 상황에서 프로그램 틀부터 만들려고 하니까 서로 동상이몽으로 진행했던 것 같아요. 그러다 보니 자연스럽게 부모 중심으로 마을 학교의 주 기획자들이 앞서 나가고, 그렇지 않은 분들은 의견을 얘기하기가 좀 어려웠지 않았을까요? 청년들의 목소리가 드러나지 않고 묻혀버리고 나니까 나중엔 그들이 '내가 여기에 필요한 존재인가?' 생각이 들었다 하더라고요. 미숙했던 스스로를 반성하면서 그 마음에 충분히 그 공감하고 미안함을 표했던 적이 있어요.

그럼에도 저는 청소년과 아이들에겐 학부모가 아닌 다른 존재가 필요하다고 생각하거든요. 부모가 채워줄 수 없는 부분이 있기 때문에 교육에 관심 있는 사람들이 함께 이해관계를 만들어 나가는 것부터 시작해야 한다고 생각해요.

서울의 '대안교육공간 민들레'를 보면 그게 잘 이루어진 것 같아요. 학부모들도 주도적으로 계셨지만, 과거의 저처럼 청년 직원들이 함께 교육 활동을 했었으니까요. 아직 여기서는 이뤄지지 않았지만, 그것이 가능함을 목도했기 때문에 그 부분에 노력할 참이에요. 그렇지만 어떻게 해야 하는지 잘 모르겠어요. (웃음)

그럼에도 불구하고 노력해 본다는 것은 해답을 찾을 가능성이 늘어나는 거니까요.

핵심은 '언어' 같아요. 결혼하고 아이 키우면서 내가 싱글이었을 때의 언어를 잃어버렸더라고요. 그러니까 지금의 청년분들을 혹은 아이가 없는 부부와 '아이'에 대한 이야기를 풀어갈 때는 언어를 맞추는 작업이 필요할 것 같아요.

정말 양육자와 비양육자의 세계가 다르다는 걸 느껴요. 저는 동갑이라도 아이가 있는 사람과는 섞일 수 없는 뭔가가 있어요. 저는 나이를 먹어도 여전히 철이 없는데, 그들의 아우라는 경험치가 쌓일 대로 쌓인 느낌.

그래서 아기 엄마들은 애들이 여기서 난장판을 피는 가운데 대화할 수 있어요. 그 상황에 적응이 돼서요. (웃음) 그런데 아이가 10대가 되면 어느 정도 사람 대 사람 간의 대화가 가능해지잖아요. 아이가 너무 어렸을 때와 아이가 조금 큰 다음의 부모는 다른 것 같아요. 여유도 있고 대화가 가능한 상황도 만들어낼 수 있겠죠. 저도 지금은 이렇게 아이와 함께 인터뷰 자리에 나오게 되었는데, 한 5년 후에는 지역에서 또 다른 모습으로 활동하고 있지 않을까 생각해요.

앞으로도 교육 활동을 계속하실 건가요?

저는 서른 살이 되어서야 공교육이 아닌 다른 형태의 교육 현장들이 있다는 사실을 처음 알았어요. 그게 첫 시작이었죠. 지금도 제가 생각하는 교육의 범위는 대안 교육을 포함하고 있으니까 관련된 활동을 계속할 테고요. 그러면서 고민할 거예요. 시골에서는 공교육밖에 없는지라 다양한 교육을 하기가 힘드니까요. 아까

직장은 당신 안에

도 말씀드렸듯이 교육이라는 게 아이들한테 프로그램만을 제공하기보다 성숙하고 다양한 어른들의 삶이 아이들에게는 배움의 장이 될 거라는 마음은 갖고 있어서 내년부터 어른들의 삶을 만들어가는 것에 좀 더 공을 들이려고 해요.

저는 시골에서의 삶이 자신만의 이상향을 따라온 것일 수도 있겠다 생각해요. 그러나 어디에서나 비슷한 삶을 살아내야 하는 현실적인 부분도 있고요. 사사님의 이상과 현실의 차이는 어떻게 극복하고 계세요?

사실 이 인터뷰 질문지를 받기 전에 내가 이것에 대해 어떤 말을 할 수 있는 상황이 아닌데 라고 생각했어요. 아이를 출산한 2017년부터 지금 2021년까지의 5년간의 삶을 겨우 되돌아보기 시작한 시기라 정리가 안 되어있거든요. 지금 그래서 (웃음) 이렇게 살면 안 되겠다는 (웃음) 반성을 하고 있어서 현명하게 대답할 수는 없지만, 얘기해 볼게요.

육아 초반엔 외로운 섬처럼 살았어요. 우울증도 심했었고. 그걸 벗어나려는 시도 중에 하나로 '나무 아래 계절'이라는 활동을 했어요. 그걸 하고 나니까 갑자기 저에게 활동가라는 이름이 주어지면서 지역 활동이 조금씩 많아지더라고요. 내 삶을 풍성하게 만들기 위해서, 나와 같이하는 사람들을 행복하게 하는 마음으로 활동해야지 하고 마음먹었는데 문득 최근 2~3년 동안은 진행을 위한 진행을 하는 나를 발견한 거예요.

예를 들어 기후 위기와 관련된 주민 프로그램을 하면 '이것이 사람들한테 얼마나 유의미하게 다가갈 수 있을지'를 고민하기보다는 '이걸 어떻게 번듯하게 진행해서 사람들이 결과에 만족하게 할 수 있을까?'에 초점을 두고 기획하고 디자인하더라고요. 진정성이 상당히 결여된 태도는 스스로에게 보람되지도 않고 원하는 삶이 아니라는 걸 요즘 많이 깨닫고 있어요. 그래서 내년에는 함께하는 사람들에게 의미가 있고 그분들도 충만할 수 있는 방식으로 활동 스타일을 바꿔야겠다고 생각했어요. 최근에 주변에 활동하는 몇몇 감동적인 분들이 계시는데, '성심을 다한다'라는 문장이 딱 와 닿을 만큼 그분들은 마음을 다하고 있더라고요. 나도 그렇게 살려고 했는데 저는 어느덧 관리자 입장이 되어있는 거죠.

그리고 극복을 물으셨잖아요. 지금은 마음의 소리에 귀를 기울이고 성심과 진심을 다하는 사람으로 살 수 있도록 나를 만들어나가는 거예요. 매너리즘에 빠지지 않게 자기 자신을 계속 체크하고, 30대의 내가 그랬듯 언제든 튕겨 나갈 수 있는 사람이 돼야겠다. 그런 '자기 바라봄'이 길을 잃지 않는 방법 중 하나가 아닐까 생각해요.

사사님은 어떤 사실을 비록 늦게 깨닫는다 할지라도 언젠가 발견했을 때

그것이 잘못되었다면 바꾸려고 시도하시는 것 같아요.

맞아요. 그래서 괴로워요. 예를 들어 아이에게 화내는 내가

있고 그런 모습을 보는 내가 있어요. 화를 내는 상황에서 두 존재

가 동시에 감지돼요. 그러면 엄청 괴롭거든요. 화를 표출함과 동시

에 '아, 이건 아닌데…' 하는 마음이 동시에 작동한다는 것의 의미

는 '화내는 나'를 멈추지는 못하겠는데, 그런 자각은 계속하고 있

는 거죠. 한 발 떨어져서 나를 보는 건 좋은데, 그걸 멈추게 하는

힘은 부족하니 그 힘이 필요한 것 같아요.

너무 공감되네요. 자신이 바라지 않는 모습을 내가 하고 있을 때 그런 생각

이 들잖아요. 다른 인터뷰에서 '아이와 어른'의 관계가 '학생 대 교사'나 '부

모 대 아이'가 아닌 다른 방식으로 보고 싶다고 말씀하셨어요. 이건 어떤

의미인가요?

부모는 아이를 너무 밀착해서 보니까 의외로 시야가 좁아요.

부모가 '아이'에 대해 이야기할 때 모든 아이를 대상으로 하는 것

같지만, 사실 파고 들어가면 자기 아이를 위하는 마음이 크다는 거

죠. 다르게 보고 싶다는 건 이걸 확장해서 보고 싶다는 의미예요.

제가 30대 때 청소년을 만났던 시각이 부모가 되고 나니 가물가물

해졌어요. 부모로서의 시각이 그걸 덮더라고요. 그래서 더 이상 내

가 멘토로서 아이들을 만날 수 없을지도 모른다는 두려움이 있어

요. 나는 멘토 역할을 하는 부모가 되고 싶은데, 만약 내 아이에게 그럴 수 없다면 다른 아이들의 멘토가 되기도 어렵겠죠.

지금 중학교 아이들 수업을 통해 만나고 있는데 제가 청년이었을 때 아이들에게 다가갔던 언어가 나오지 않음을 깨달았어요. 어느새 꼰대스럽고, 대다수 부모가 할 법한 말을 제가 하는 걸 보면서 스스로 놀랐어요. 지금 내 인식의 상태가 가늠되었으니까요. 나한테 새로움이나 신선함이 없이 고루한 부모로서의 생각만 짙게 남아있구나 했죠. 그래서 이걸 덜어내는 작업을 하자니 역시 공부해야겠더라고요. 저는 지금 마흔일곱이거든요. 이미 오래된 사고방식을 가진 사람이라는 걸 인정하고 지금의 20대, 30대 친구들이 가진 생각과 호흡을 반복해 듣는 연습이 필요한 거죠.

부모는 수행하는 사람인 것 같아요. 계속 고민하고 자신을 돌아보고, 공부해야 한다는 점에서 배울 점이 많네요. 제가 양육자인 또래를 만났을 때 그들이 높아 보인다고 느끼는 건 그런 부분이지 않을까요. 이제 마지막 질문입니다. 앞으로도 오랫동안 유지하고 싶은 건 어떤 건가요?

버리고 싶은 게 훨씬 더 많은데… (웃음) 유지하고 싶은 건 '삶에 끌려다니는 사람이 아니라 삶을 끌어가는 사람이 되자'라는 마음이에요. 내가 삶의 주체자로서 여전한지, 이게 계속 고민인가 봐요. 50대가 돼도 고민일 것 같아요.

내 행동이나 말이 진짜 내 목소리이고 싶어요. 누군가 했던 좋은 말이나 누군가 살았던 삶을 열망해서 나도 그렇게 살고 싶다고 말하는 건 거짓된 목소리거든요. 내가 살아온 색깔이나 결대로 말하는 것이 정말 내 목소리가 되면 좋겠다고 생각해서 노력하고 있는데, 그 노력을 멈추고 싶지 않아요.

그런데 어떤 걸 갖추고 싶거나 버리고 싶다고 해도 실제로는 그렇게 잘 안 돼요. 가져가기 싫은 건 계속 덕지덕지 붙게 되고 유지하고 싶은 건 어느 사이에 안드로메다로 가 있고. (웃음) 그게 인생 아닌가 싶어요.

해와

ⓒ 해와

자연처럼 물들어가는

66

마음이 건강한 사람이 되고 싶었는데,
정말 그렇게 됐어요.
자연 속에서 함께한 시간이 쌓이면서
자연스럽게 변화한 것 같아요.
모든 것을 내어주는
지리산의 품이 그저 감사해요.

99

자연처럼 물들어가는

해와(남원)

송현, 보석, 유나, 한라

해와님은 초를 만들고 있잖아요. 초 만드는 일은 어떻게 시작하게 됐나요?

해와 산내에 사는 친구들과 만날 때면 지역살이에 대한 고민을 솔직하게 나눌 수 있었어요. '자급자족', '관계 맺음', '자신이 좋아하는 일을 하면서 사는 삶' 등 다양한 키워드가 나왔었는데, 자기답게 사는 삶의 실천적인 방법으로 '3만 엔 비즈니스'를 알게 되었고, 같이 공부하기 시작했어요. 제가 가진 기술 중에 돈을 벌 수 있는 것은 무엇일까 고민하다가 초를 만들고 판매하는 일을 생각해 냈죠. 이전부터 직접 초를 만들어 사용해왔고, 기본적인 재료와 도구를 가지고 있어서 바로 시작할 수 있는 일이었어요.

초를 만나게 된 계기가 있었나요?

초가 제 생활에 들어온 것은 명상을 시작하면서부터였어요. 명상이나 요가처럼 자기 탐구와 돌봄이 일상화된 친구들을 만나게 되면서, 마음을 돌보는 도구로 초를 경험할 수 있었어요. 자주 사용하게 되면서 점점 내가 원하는 형태와 색, 모양으로 만들고 싶어졌고, 초 만드는 도구들을 하나씩 갖추게 되었어요.

해와님은 내면을 관찰하는데 많은 시간을 쓰고, 그걸 세심하게 캐치하는 사람 같아요. 마음이나 영성에는 어떻게 관심을 갖게 됐어요?

청소년 시절부터 죽음이라던가 삶에 대해서 궁금한 것들이 많았어요. 내면 작업에 몰두하게 된 계기는 20대에 우울증을 크게 겪어내면서부터였어요. 마음이 건강한 사람이 되고 싶다는 생각이 컸었고, 그 과정에서 여행하거나 사람을 만나는 것처럼 외적인 변화를 주는 방법은 저에게 별로 효과적이지 않았어요. 가슴속에서 일어나는 질문을 마주하고, 그 질문을 스스로 찾아가면서 어떤 종류의 정화와 치유가 자연스럽게 일어났는데, 그 질문을 따라오다 보니 산내로의 이동까지 이어졌어요.

자연처럼 물들어가는

마을에서 해와님의 밀랍 초를 통한 '3만 엔 비즈니스[1]'는 성공사례로 꼽히고 있어요. (웃음) 어떤 일을 하며 생활을 유지하고 있나요?

여태까지는 누군가의 일을 대신하고 급여를 받는 형태의 일만 해왔어요. 손작업으로 무언가를 만들고 일의 형태도 스스로 만들어내는 방식은 지금 밀랍 초가 처음이에요. 제작, 홍보, 판매, 택배 송부, 피드백 받는 것까지 이 모든 과정을 혼자 하면서 마치 새로운 세계를 만난 것처럼 다양한 경험을 하고 있어요. 일을 통해 배워가는 것이 많아요.

그리고 마을 친환경 매장에서 주 1회 근무를 하고 있어요. 급여는 적지만 유일하게 고정적인 수입이 들어오는 일이에요. 여기에서 느껴지는 안정감이 있어요. 또 예전에 플리마켓에서 만난 인연으로 한 달에 두세 번씩 정원을 돌보는 일도 하고 있어요.

지리산권에 살게 된 과정이나 이유가 궁금해요.

서울에서 태어나 자라왔고, 특별히 자연이나 산을 좋아하는 사람은 아니었어요. 산내로 이사 오기 직전이 안팎으로 많은 변화가 일어나던 시기였는데, 나를 둘러싼 것들이 무너지고 하나하나 다시 정립하던 때였어요. 내가 선택하지 않은 서울이라는 공간, 가

---

1 후지무라 야스유키의 저서 <30만원으로 한 달 살기>에 나오는 삶의 방식. 한 달에 30만 원 정도를 벌며 일과 돈에 얽매이지 않으면서도 더 행복한 생활을 누릴 수 있는 자급 방식. 사업 자체 보다는 사람의 생활주기에 방점을 두며 '작은 일 만들기'를 시작해보라고 제안한다.

족처럼 주어진 것들, 나에게 익숙한 것들 말고 '내가 나답게 존재할 수 있는 또 다른 시공간이 있지 않을까?' 하는 고민이 있었어요. 서울 생활이 행복하지 않았어요.

명상 집중 수련을 하면서 산내면 실상사와 산내에 사는 사람들을 만날 수 있었어요. 자연 속에서 사는 사람들에게서 좋은 에너지와 영감들이 크게 와 닿았고, 자연이 우리에게 주는 힘에 대해서 궁금해졌어요. 여행은 익숙했고 별로 잃을 것이 없었어요. 여행하는 마음으로 산내에 왔어요.

나에게 맞는 지역을 찾았던 거네요.

네. 힘들고 어려웠던 일들도 있었지만, 저와 잘 맞는 부분이 더 컸기 때문에 지금까지 살 수 있었던 것 같아요.

처음 지역 살이를 했으니 이주 후의 삶이 만만치 않았을 것 같은데요?

힘듦의 연속이었어요. 주거와 일자리, 관계까지 어느 것 하나 안정적인 것이 없었어요. 도시와 다른 삶의 방식이나 환경을 마주할 때마다 놀라움의 연속이었어요. 심지어 산내 안에서 식재료를 살 수 있는 곳을 몰라서 가까운 인월면까지 배낭 메고 버스 타고서 장을 봤거든요. 한참 뒤에나 산내에도 매장이 있다는 걸 알았어요.

서울에서는 집 밖으로 나가면 필요한 모든 것이 10분 거리

자연처럼 물들어가는

안에 있었는데 산내는 달랐어요. 모르는 것투성이였는데 하나하나 경험으로 부딪혀 나가며 배운 것 같아요.

시골 생활에서 유독 힘든 부분이 있었다면 어떤 것이었나요?

산내 살이 초기에는 안정적인 주거와 일자리가 없는 것이 가장 힘들었어요. 와서 5개월 정도는 계속 방을 빌려서 옮겨 다녔어요. 집을 살 수 있는 경제력은 없었고, 시골에 월세 집은 너무 귀해서 찾을 수가 없었어요. 여기선 집이 부동산이 아니라 마을 사람들의 입소문을 통해서 거래되는데, 그런 정보를 얻을 수 있을 만큼의 관계망도 없었어요.

요즘 느끼는 힘듦은 관계의 건강한 거리감이에요. 지금 사는 집에 다시 혼자 살기 시작했을 때, 동네 할머니들이 궁금해하시면서 마당을 기웃거리거나 집 안으로 들어오려고 하시는 분도 계셨거든요. 아무런 친분이 없는 상태에서 그런 행동들이 무척 당황스럽고 불쾌했어요. 자기보다 어린 미혼 여성을 대하는 시골의 가부장적이고 권위적인 면모가 드러났던 순간이라고 생각해요.

그리고 도시에서는 생활에 필요한 서비스를 돈으로 거래하는 형태였다면, 시골은 인간관계를 중심으로 서로 필요한 것들을 나누는 형태인데 이것 역시 어느 정도의 관계망이 생기기 전까지는 어려운 일인 것 같아요. 이제는 좋은 관계들이 생겨났고, 비가 많이 내리던 날 전기가 나갔을 때나 집에서 지네에 물렸을 때 마을 이웃분이 도와주셨던 것이 참 감사한 기억으로 있어요.

초반에 힘든 과정이 있었는지 이제야 알게 됐어요.

하나가 지나가면 또 다른 힘듦과 배움이 오더라고요. 제가 산내 와서 돈을 벌기 위해 했던 일들이 많은데요. 마을의 카페, 실상사 공양간, 공공 일자리 사업으로 출·퇴근했던 마을 기업도 있었어요.

청년이 지역에서 경제 활동을 할 수 있는 구조가 척박하다 보니 돈을 벌고 나를 먹여 살리는 자립의 과정 또한 쉽지 않더라고요. 그래도 작년부터 올해까지 최근 1년이 가장 안정적이고 즐거워요. 너무 고민스럽다거나 괴로울 정도로 힘든 일은 다 지나온 것 같아요. 이렇게 말하고 나니 초반에 너무 괴로웠던 적이 많았네요. (웃음)

전전긍긍하며 일을 쫓아다니는 마음이 편치는 않았을 것 같아요.

계속 남의 일을 하는 형태에서는 삶을 주체적으로 살지 못하고 결국 누군가의 욕구에 끌려다니게 된다는 것을 크게 느꼈어요. 도시에서 돈벌이하며 힘들었던 마음이 여기에서도 반복되었고, 아름다운 자연 속에 충만함을 느꼈다가도 이따금 결핍을 느끼기도 했어요.

자연처럼 물들어가는

그럼에도 자연이 있는 곳에 실제로 와보니까 어땠어요? 몇 년을 살아본 지
금 시골살이를 어떻게 바라보고 있나요?

마음이 건강한 사람이 되고 싶었는데, 정말 그렇게 됐어요.
자연 속에서 함께한 시간이 쌓이면서 자연스럽게 변화한 것 같아
요. 그냥 모든 것을 내어주는 지리산의 품이 너무 감사해요. 그리
고 여기선 요즘의 도시에서 느끼기 힘든, 서로를 돌보는 마을 공동
체 문화 같은 게 있어요. 마을 분들이 농사지은 작물도 나눠 주시
고 김치도 나눠 주시고… 함께 살아가면서 돌보는 문화가 좋아요.
너무 가까울 때는 또 힘들지만요. (웃음)

시골에 살면서 좋은 것과 불편한 것 모두 경험해봤는데, 그
속에서 내가 정말 가져가고 싶은 것들, 지켜나가고 싶은 것이 무엇
인지, 매 순간 그런 것들을 새롭게 정리해가고 있어요.

초 말고도 병행하고 싶은 '스몰 비즈니스작은 일 만들기'에 대한 고민도 있나
요?

저에게 어느 정도 돈의 규모가 필요한지 살펴보고 있는데요.
1~2년 전만 해도 생활을 유지할 수 있는 정도의 돈만 벌면서 작고
소박하게 사는 것이 목표였어요. 좋아하는 일을 하면서 돈을 벌고,
삶의 영역에서 싫어하는 일은 줄여가는 거죠. 그런데 최근에 공부
하고 싶은 것이 많이 생겨났는데, 교육비가 꽤 부담되더라고요. 그
리고 언젠가는 내가 살집도 스스로 짓고 싶어요. 그런 곳에 들어갈

해나(남원)

비용을 어떻게 마련해야 할지 고민하고 있어요. 여러 개의 스몰 비즈니스로 과연 내가 원하는 삶을 꾸려갈 수 있을지 의문이에요. 하지만 분명한 건, 밀랍 초 판매 같은 스몰 비즈니스를 시작하고 경험하면서 내 삶을 주체적으로 꾸려나갈 수 있는 토대를 만들었다는 거예요.

앞으로는 지금 하는 초 작업과 함께 일상에서 마음을 돌볼 수 있는 명상이나 내면 작업을 일의 형태로 만들어 보고 싶어요. 좋아하는 것을 일의 형태로 만들고 다른 가치와 교환해 나가는 작업을 계속해나가고 싶어요.

재밌겠네요. '텃밭 배달 비즈니스'도 하고 싶다고 들었어요. 이것도 간단히 소개해 주실 수 있나요?

6월 여름 한 달 동안 'EDE넥스트젠 코리아의 생태 마을 디자인 교육'라는 프로그램에 참여했는데, 그때 만들어진 프로젝트가 '텃밭 딜리버리'에요. EDE에서 자연 안에서 치유되고 정화되는 경험을 했고, 이러한 건강함을 사람들과 나누고 싶었어요. 또 자연이라는 게 시골에서만 느낄 수 있는 것이 아니라 도시에도 분명히 존재하고 있거든요. 우리를 한 번도 떠난 적이 없는 자연을 각자의 일상 안에서 새롭게 탐구하고 경험함으로써 많은 사람들이 자연과 연결되는 경험을 느낄 수 있도록 작업해보고 싶다는 생각이 프로젝트의 출발점이었어요. EDE 안에서는 생태, 세계관, 경제, 사회적 차원의

자연처럼 물들어가는

시각에서 여러 가지 배움이 있었고, 순간순간의 아이디어들이 산만하게 펼쳐져 있었어요. 그것들을 덜어내고 매끄럽게 다듬어서 실현하고 싶어요.

밀랍 초 만들기와 내면 작업, 텃밭 딜리버리... 해와님만의 색깔이 보이는 것 같아요.

자연을 좋아하지만 그것들이 순환하는 방식에 대해선 이론적으로 아는 게 없었어요. 예를 들면 식물이 자라나는 과정 혹은 어떤 사람의 에너지가 투입되면서 식물을 기르는 과정에 대한 이해가 없었던 거예요. 텃밭 딜리버리를 시작하면서 자연을 보는 시각이 달라진 것 같아요. 예전엔 예쁘기만 했다면 요즘은 이 순환과정에 대해서 더 섬세하게 지켜보게 된다고 해야 할까요.

나와 다른 존재를 이해한다는 건 우리 사회에 가장 필요한 것 중 하나가 아닐까 생각해요. 저는 새싹 보고 너무 기뻐서 그걸 주제로 글을 쓴 적도 있어요. (웃음) 마지막으로, 지역살이를 고민하는 사람에게 해주고 싶은 말이 있나요?

가볍게 시작하고 행동해 봤으면 좋겠어요. 거창한 목표라던가 무게감을 가지고 이사를 오고 열심히 살아가는 게 아니라, 가벼운 마음으로 와서 경험해보고 서서히 물들어가는 삶을 살았으면 좋겠어요. '이동'이라는 게 살던 곳에서의 단절이 아니라 그걸 기반으로 점점 확장되어 가는 삶의 모습이라고 생각하거든요. 지역에서 살다가도 삶의 과정이나 흐름에 따라서 충분히 이동할 수 있고, 그곳에서 또 다른 기쁨을 만날 수도 있잖아요. 도시에서 지역으로 오는 것, 혹은 지역 간의 이동들이 가벼웠으면 좋겠어요.

앞으로 해와님이 바라는 삶의 모습은 어떤 것인가요?

저는 계획하고 구상해서 단계별로 실현해 나가는 종류의 사람은 아니에요. 즉흥적이고, 직관적이고, 본능적으로 행동하는 사람이라서 살면서 뭐가 올지는 저도 잘 모르겠어요. 그런데 삶에서 마주하는 것들을 두려움으로 대하기보다 환대하는 사람이고 싶어요. 산내 살이를 시작하게 될지도 몰랐고, 여기서 이만큼의 시간을 보내게 될지도 몰랐고, 지금 교류하고 있는 친구들을 만나게 될지도 몰랐어요. 돌이켜 보면 한 번도 상상해 본 적 없던 것들을 살아냈고, 살아가고 있고, 매 순간 새로워요.

또 한 가지 삶에서 가장 중요한 건 '나답게 살고 싶은 마음'이에요. 주변 환경이나 사람들 때문에 억지로 틀에 맞춰서 살아가기보다는 내 안에 가지고 있는 고유성을 발견하고, 그걸 발현해 나가는 삶을 살고 싶고 주변 친구들도 그러한 삶을 살았으면 좋겠어요. 그 개인들이 각각의 고유성을 가진 다른 개인과 조화롭게 어울려서 사는 게 건강한 공동체의 모습이라고 생각을 해요. 그런 공동체가 나의 꿈이에요.

황재흥

묵묵한 발자국

66

제가 자주 하는 말이 있어요.
공동체가 철학 때문에
깨지는 줄 아냐?
설거지 누가 할 건지,
바닥을 누가 청소할 건지 때문에
공동체가 무너지는 거야!

99

경남산청
의료복지
사회적
협동조합이
시작되면

함께 만드는 건강
더불어 행복한 삶
지속가능한 공동체

준비위원회 사무실
경남 산청군 산청읍 배치로 주소 정보센터있는 공간

문의전화 문의 010-3494-전화번호
대표 김 문의 010-2916-1753
간사 최○○ 010-2910-2234
대표메일 jsmed0@naver.com

특수스틱 페이지 / 네이버 밴드
경남산청의료복지사회적협동조합

우
즉
상

묵묵한 발자국

황재홍(산청)

송현

안녕하세요. 제가 보낸 인터뷰 질문에 간단한 답변을 보내주신 분은 처음
이에요.

황재홍 조금 알고 인터뷰를 하는 게 낫잖아요. 제가 서울에 있을 때
기독교 언론사에 있었기 때문에 '아, 이러면 조금 편할 거다' 생각
했어요.

덕분에 인터뷰 준비가 수월했어요. 감사합니다. 귀농하기 전엔 서울에서
기독교 대안 언론에서 일하셨고, 울산에서도 지내셨어요. 그 일은 어떻게
시작하게 되신 거예요?

대학 때 졸업하면 시민단체 해서 일을 해보고 싶다는 생각을
어렴풋이 했어요. 제가 나온 학과는 "너 여기만 나오면 취직은 걱

정 안 해도 된다" 소리를 들었던 곳이거든요. 그런데 웬걸요. 하필이면 졸업 시기에 IMF 외환위기 (이하 IMF)가 왔죠. 너무 억울한 거예요. 공부만 열심히 했는데… (웃음) 그때 나름대로 철학적인 고민을 했었어요. '어떻게 살 것인가? 이런 현상들은 왜 일어나는가?' 이런 생각을 하면서 내가 주체가 되는 삶을 살아야겠다고 생각했어요. 지금 생각해 보면 철없던 어린 시절이었지만, 고민의 결과로 '시민단체에서, 그리고 공장 노동자로, 최종적으로는 농민으로서 살자'라고 했는데 두 가지를 이루고 마지막 단계로 저희가 귀농을 하게 됐죠.

긴 인생 계획을 다 세워두셨던 거예요?

그렇죠. 다행히 아내도 비슷한 사람이었어요. 결혼할 때 "우리 10년 후에는 귀농하자" 그래서 11년 만에 내려오게 됐죠.

그런데 왜 인생 계획이 시민단체, 공장 노동자, 농민이었어요?

저는 대학생 때 운동권 활동은 하지 않았어요. 아주 보수적인 선교단체에 있었거든요. IMF 전부터도 노동이나 근현대 역사에 대해서는 제대로 배운 게 없다는 생각을 했었어요. 심하게 말하면 거짓말이 너무 많았으니까요. 이상하다고 느끼게 됐죠. 그러면서 5·18 민주화운동, 노동 문제에선 전태일 열사를 접하게 됐고요. 그런 시각으로 성서를 보니 예수님도 전태일 열사의 삶을 사셨고, 노동자의 삶을 사셨고, 농민의 삶을 사셨다는 생각이 들더라고요. 저도 그런 삶을 살아야겠다 생각했죠. 나름대로 기독교적인, 그리고 약간은 운동권적인 베이스도 있었어요.

그리고 IMF 터지면서 왜 다른 이들의 결정으로 인해서 내가 영향을 받아야 하는지, 왜 내 삶의 진행 방향까지 완전히 틀어져야 하는지, 거기에 대한 고민이 많았거든요. 그러면서 마르크스의 〈자본론〉에 관심이 생겼고, 이론적인 근거는 없지만 내 나름대로 결론을 내린 거죠. '노동자'라는 일반 대중들이 고통을 받는 이유는 땅이 없기 때문이다. 부동산 투자로의 땅이 아니라 내가 먹거리를 생산하며 지낼 수 있는, 의식주를 해결할 수 있는 땅을 잃어버렸기 때문이다. 내가 나로서 제대로 된 삶을 살기 위해서는 농사를 지어야 한다. 이런 생각이 귀농까지 연결된 거죠.

저는 'IMF 키즈'거든요. 그 당시 10대였기 때문에 많이 공감돼요. 그런데 당시 생계를 이어나가거나 사회로 진출했던 20~30대는 굉장히 혼란스러웠을 것 같아요. 말씀하신 것처럼 내가 어떻게 할 수 없는 외부적인 상황 때문에 모든 계획이 무산된 거잖아요.

맞아요. 졸업했을 땐 취직이 안 되고, 몇 년 후에 문제가 어느 정도 해소되고 취직하려니까 후배들이 올라와 있는 거죠. 저는 취직할 생각이 없었지만, 동기나 주위 사람들은 취직하고 싶어도 경력직도 안 되고, 신입도 안 되는 나이가 돼버렸던 거죠. 거기에

황재홍(산청)

대한 피해의식을 항상 가지고 있었던 것 같아요.

그런데 몇 년 전인가, 어떤 분과 IMF 관련된 이야기를 나누다가 "그 당시의 30~40대는 어떻게 살았겠냐, 가정을 꾸린 사람들이 직장을 잃었다. 누가 더 큰 고통을 받았겠냐" 이야기하더라고요. 그 사실을 20년 만에 알았어요. 그들도 나만큼, 혹은 나보다 더 힘들었겠구나. 결국은 나도 내 문제에만 집착하고 있었구나 하는 생각이 들더라고요.

IMF 시기는 가정을 꾸린 사람부터 아이들까지 모든 국민이 참 힘들었던 때였던 것 같아요. 그 이후 고민 끝에 산청으로 귀농하셨죠. 귀농지는 산청으로 결정해두셨던 건가요?

우선은 지리산 근처로 가자고 했어요. 이게 재밌는 게 귀농지를 알아볼 때 한라산이나 설악산으로 귀농한다는 말은 없는데 지리산으로 귀농한다는 말은 있잖아요. 그래서 저도 지리산을 생각하고 있었죠.

그리고 저는 딸이 하나 있는데, 아내랑 교육에 관해 이야기하면서 딸에게 기성 교육을 시킬 것인가에 대해서 우리는 그러지 말자고 했었어요. 도시에 있으면 내가 원하지 않아도 기성 교육을 따라가야 하는 상황이잖아요. 그것이 얼마나 잘못되었는지와는 관계없이요.

그리고 울산에서 성공회 성당을 다녔는데, 다행히 성당이 산청 가까이에 있었거든요. 정말 때마침 큰돈이 들지 않으면서 고칠 게 없는 집이 나왔어요. 그렇게 여러 가지가 잘 맞물렸어요.

지금은 집을 구하기가 쉽지 않거든요. 마을 안으로 들어가면 빈집이 있긴 한데, 어르신들이 그렇게 가난하고 힘들게 살아도 그 집을 못 팔아요. 안 파는 게 아니라 못 팔아요. 자식들이 집값이 계속 오른다는 걸 알거든요. 제 생각엔 그 집을 팔아서 어르신들 여유롭게 맛있는 거 드시고 살면 될 것 같은데, 도리어 자식들이 반대하는 경우가 있더라고요. 너무 안타까워요.

맞아요. 시골에 빈집이 없는 게 아닌데 내놓은 집은 별로 없는 게 참 아쉬워요. 그런데 제가 사전 인터뷰에서 도시와 시골에서의 삶의 차이를 여쭤봤는데 '사는 게 다 똑같다'라고 적어주셨더라고요.

저희는 실제로 정말 가난했어요. 기독교 대안 언론사에 다닐 땐 최저시급도 못 받고 다녔어요. 우리 집안도 옛날부터 워낙 가난했고, 아내를 만났을 때 아내는 대학원생이었고요.

결혼하고 나서도 월세 반지하에서 시작했거든요. 그래서 우리는 가난하게 살자, 돈을 많이 벌거나 집을 사기 위해서, 차를 사기 위해서 아등바등 애쓰지 말자 생각했죠. 생활 규모를 최대한 줄였어요. 차도 여기 내려오면서 처음으로 트럭을 샀어요. 도시에 있을 땐 버스나 지하철이 잘 돼 있잖아요. 이렇게 절약하는 마인드가 시골에 잘 적응할 수 있었던 힘이 아니었나 생각해요.

황재홍(산청)

시골은 아무래도 도시보다 고정 생활비가 확 줄어들죠.

그렇죠. 그래서 도시에서도 더 가난하게 살았어요. 외식이나 영화는 최대한 줄이고 대부분 집에서 생활할 수 있도록 했어요. 게다가 돈 없이도 서울 생활이 정말 재미있었거든요. 처음 부산에서 서울에 올라갔을 땐 '정말 조심해야 한다', '돈 없으면 살기 힘든 곳이다' 들었는데 오히려 그렇지 않았거든요. 서울은 밥값도 천차만별이라 가격이 싼 식당은 엄청 싸잖아요. 문화생활도 좋은 무료 공연이 너무너무 많더라고요. 내가 찾아가기만 하면 돼요.

중요한 건, 그 과정에서 자꾸만 다른 사람들과 비교만 하지 않으면 돼요. 비교하게 되면 너무나 힘들어져요. 서울에선 나름대로 그런 훈련을 했다는 생각이 들어요. 강제 훈련이었겠지만… (웃음) 어쨌든 나름대로 훈련이 된 것 같아요.

재홍님은 본인이 힘들지 않으려고 그렇게 훈련하신 거네요.

개인적으로 남은 남대로, 나는 나대로 산다는 생각인데, 이런 마인드는 같이 사는 가족은 좀 힘들 수 있죠. 아내도 검소하게 살고 바른 생각을 가졌음에도 불구하고 어려움이 있었을 거예요. 딸이 있으니까 양육 문제도 있고요. 지금도 생각나는 게 딸아이 기저귀를 살 때인데요. 인터넷에 기저귀를 검색하면 사람들은 이왕이면 가장 좋은 기저귀를 사거든요. 근데 저는 반대였어요. 어차피 식약처에서 인증 받은 건 똑같다, 더 비싼 건 뻥이다, (웃음) 그렇게 생각했죠.

생수도 마찬가지예요. 여기 산청 시천면에만 생수 공장이 네 군데가 있거든요. 여기 와서 알게 된 게 생수도 가장 싼 거 먹으면 된다는 거예요. 생수 공장 하나에서 수십 가지 다른 브랜드의 스티커를 붙이거든요. 그렇게 나오면 값이 달라져요. 그 브랜드에서 광고비를 많이 썼으면 가격이 올라가는 거고요. 그래서 생수는 가장 싼 거 먹으면 된다는 확신을 얻었죠. (웃음)

자본 시스템의 핵심을 다 파악하셨네요. (웃음) 도시에서부터 행복하게 사는 방법을 알고 주체적으로 삶을 사셨던 것 같아요.

그러려고 노력했습니다.

재홍님은 시골이 정말 잘 어울리신다는 생각이 들어요. 가족과는 생각이 잘 맞았다고 하셨는데, 실제로 내려오면서 어려움은 없었나요?

저희 두 사람은 도시에 살면서 철학적인 고민도 많이 했어요. 예비 귀농인이랑 얘기할 때도 '어떤 일을 할지'보다 확실한 자기 철학과 가치관이 있어야 한다고 해요. 그런데 막상 본격적인 생활로 접어들면 이게 유지되기 어려워요. 예를 들면 고추를 심어서 잘 키우다가도 마무리를 잘 못 하는 거예요. 수확 때쯤 되면 지쳐서요. (웃음) 그래서 제가 "우리가 먼저 살아야지, 나 진짜 힘들어서 못 하겠다" 하면 아내는 화가 나는 거죠. (웃음) 또 한 가지는 저는 풀을 왜 뽑아야 하는지 모르겠는데, 아내는 동네 어르신이 지나가면서 "풀이 많네" 하면 스트레스를 많이 받더라고요.

제가 살던 집 마당에도 풀이 정말 많았는데, 이 친구인터뷰를 함께 한 버들는 눈에 띄면 하자고 하고, 저는 한 번에 싹 베면 된다는 생각이었어요. 성향이 달랐죠. 출퇴근할 때 풀이 무성한 밭을 보면서 '해야 하는데...' 쳐다만 보다가 쉬러 들어갔어요. (웃음)

　　　　맞아요. 풀이 어릴 때는 '조금 더 자라서 하면 되겠네' 했는데 어느 순간 보면 이만큼 자라있어요. 감당이 안 될 정도로… 밭일하고 있으면 할머니가 지나가요. "아유~ 돈도 안 되는데 뭐하러 밭일하냐." 그러시고. 또 밭일에 손 놓고 있으면 "거 왜 풀도 안 베고 있냐." 그러세요. 하지 말라 할 때는 언제고! (웃음)

그렇죠. 하지 말라는 이야기를 잘 해석해야 할 것 같아요. (웃음) 산청에 오셔서는 농사만 하신 거예요?

　　　　처음에는 이런저런 일을 많이 했어요. 시천면은 사계절 내내 일거리가 있거든요. 돈 벌고 싶으면 여기로 오면 돼요. 연 매출이 1억 넘는 사람들이 수두룩 빽빽해요. 저는 약초꾼 만나서 산에 따라다니기도 하고, 해발 1,500m 정도에서 고로쇠 호스 연결하러 다니기도 했어요. 꿀도 배워봤고, 곶감도 많이 하고요. 주로 양봉과 곶감을 했는데 첫해에 너무 잘 돼서 이듬해에 늘렸다가 폭삭 망했어요. 농사에 집중하지 못하고 다른 일들을 겸하다 보니 농사는 잘 안됐어요. 지금도 대량으로는 못하고, 조금씩 하고 있어요.

초심자의 행운 같은 게 아니었을까요? (웃음)

고스톱 칠 때 초심자가 잘 되는 것처럼요. (웃음) 한 5년 전에 대량으로 곶감을 하려고 감을 엄청나게 샀거든요. 그때 여러 가지 일이 겹쳤어요. 저온 창고에 문제가 생겨서 감을 다 버리고요. 딸에게도 사고가 나서 수술을 하게 됐어요. 그때 한번 힘들고 나니 회복하는 게 쉽지 않더라고요. 올해가 돼서야 빚을 조금씩 갚아 나가면서 정리가 되고는 있어요. 제가 항상 하는 말이 있어요. "내가 여기 와서 는 건 술과 빚이다." (웃음) 그런데 농민들이 대부분 빚이 많아요. 나만 빚 있는 게 아니기 때문에 위로가 돼요. (웃음) TV에 연 매출이 2억, 3억인 귀농인들 많이 나오잖아요. 저는 "그거 속으면 안 된다. 그 사람들 빚이 10억이야!" 이야기를 하죠.

(웃음) 언론에서는 귀농 귀촌을 블루오션으로만 전달해서 안타깝더라고요. 시골을 잘못된 방식으로 소개하고 있다는 생각이 들어요.

맞아요. 사실 여기서 돈 버는 사람은 농민이 아니라 농자재나 농기계 파는 사람들이거든요. 농민은 돈 벌기 쉽지 않아요.

의료사협 이야기로 넘어가 볼게요. 최근 '경남산청의료복지사회적협동조합 (이하 의료사협)'이 창립총회를 열었더라고요. 여기에서 간사 역할을 하고 계신데, 어떻게 합류하게 되신 거예요?

산청은 특이한 게, 느슨한 공동체를 잘 유지해왔다는 거예요. 시골에서는 영농조합이나 작목반처럼 수익 기반 공동체가 많지, 대안적 삶을 꿈꾸는 사람들은 공동체 형성이 어렵거든요. 그런 면에서 산청은 '목화장터'가 중심 역할을 해줬고, 관이 만들어야 하는 '지속가능발전협의회'도 민간에서 먼저 만들어졌어요.

의료사협은 청담한의원 김명철 원장님께서 같이 해보자고 제안을 주셨어요. 원장님이 지금도 자주 하시는 말씀이 "내가 같이하자고 직접 말한 사람은 황재홍 씨 말고는 없어. 당신들이 알아서 온 거야" 하세요. (웃음) 참 신기한 게 제가 귀농하면서 제일 먼저 샀던 책이 협동조합에 관련된 책이었거든요. 바쁘다 보니 생각만 했었는데 이제 하게 된 거죠. 이걸 기독교적으로 설명하면 '이게 하느님이 주신 내 소명인가?'라는 생각이 들기도 해요.

맞아요. 꿈꿨으면 언젠가는 그렇게 살게 되는 것 같아요.

그렇죠. 신기하다는 생각이 들어요.

청담한의원 김명철 원장님도 산청에서 정말 역할이 크시더라고요.

이번에 국민 훈장 받으셨어요. 많은 활동을 하면서 자길 내

세우지 않고 옆에서 있어 주시거든요. 그러니 존경받는 거죠. 그분이 계신 덕분에 4~5개월 만에 500명의 조합원을 모은 것 같아요. 이건 도시에서도 힘들거든요. 의료사협은 출자금도 5만 원 이상 내야 하고요. 원장님이 산청 내에서 기본적인 신뢰가 있다 보니 사람도 금방 모였는데, 그래도 이건 기적에 가까운 것 같아요.

의료사협은 만드는 자체도 되게 어렵네요.

그렇죠. 우리나라에선 병원을 만들 수 있는 사람은 의사잖아요. 그런데 의사가 아닌 사람이 만드는 방법이 의료복지 사회적협동조합이에요. 기존의 협동조합 방식은 배당이 가능하다 보니 변형된 사무장 병원이 많이 만들어지고, 사무장이 모든 배당을 가져가 버리는 형식이 됐는데, 그러다 보니 규정이 엄격하게 변경됐어요. 그래서 우리는 조합원들에게 배당할 수 없는 사회적협동조합 형태로 만들자고 생각했죠.

의료사협의 가치 자체로 좋은 것 같아요. 시골의 고질적인 의료문제가 해결될 수 있을 것 같은 희망이 들더라고요. 의료사협이 만들어지면 정확히 어떤 식으로 작동을 하게 되나요?

먼저 의료사협에는 두 가지 갈래가 있거든요. 이름에서 보듯이 우리가 지역의 '의료'와 '복지'에 대해서 역할을 하겠다는 거예요. 일반 병원에 가면 한참을 기다렸다가 의사와 1분 남짓 만나고 처방받잖아요. 그러니 내가 어떤 병이 있는지 제대로 알 수도 없고요. 그러다 보면 기계에만 몸을 맡기게 되고 의료비가 늘게 되죠. 반면에 의료사협은 그 사람의 식습관, 활동 패턴, 가족 병력을 충분히 이야기 나눌 수 있으니 좀 더 도와줄 수 있는 부분이 있겠죠. 아프기 전에 예방을 중요시하자는 것도 있고요. 조합원들에게 가족 주치의로서의 의료 행위를 하는 거예요.

그리고 산청 어르신들이 병원을 왔다 갔다 하기가 쉽지가 않아요. 그래서 저희가 거동이 힘든 분들 대상으로 방문 진료를 계획하고 있어요. 일반 의료원의 방문 진료 비용은 10만 원 정도 드는데, 자부담은 30%거든요. 그런데 어르신들 중 방문진료 왔다고 3만 원을 낼 수 있는 분들은 많지 않아요. 그래서 저희가 군에 차상위 계층이나 거동이 힘든 분들에게는 지자체에서 왕진 비용을 지원할 수 있도록 조례를 만들어 달라고 이야기하고 있어요. 또 한 가지 문제는 왕진을 갈 수 있는 의원도 많지 않아요. 의원엔 의사도 한 명뿐이고, 왕복에 드는 부대비용을 감수하는 것보다 병원에서 환자만 받는 게 이득이거든요. 그래서 지역의 복지를 저희가 맡아보자는 거죠.

또 마을 내에서 건강을 관리하는 '건강 리더'를 양성하자는 목표가 있어요. 동네 어르신들의 건강관리를 일상적으로 해주는 거예요. 어르신들은 연세가 많아지면서 아프기도 하지만, 잘못된 생활환경에서 오는 병도 많거든요. 몸을 움직이기 힘드시니까 집이 비위생적으로 되기도 하고. 기름 아끼려고 난방도 안 하시다 보니 몸이 더 안 좋아지시는 거죠. 지금은 이런 복지의 영역들이 따로 분리되어 있어요. 그래서 우리가 건강 리더를 통해서 복지 영역을 통합하고 시스템을 구축해서 전체적으로 살펴보자는 이야길 하는 거예요.

산청에서 필요한 핵심 영역을 모두 담당하게 되는 거네요. 앞으로 해야 할 일이 많을 것 같은데, 실무진은 충분히 있나요?

아니요. 지금 당장은 병원을 차리기가 힘들어서요. 실제로 병원을 운영하기 전까지는 실무자를 뽑기가 쉽지 않아요. 원장님도 저도 비슷한 생각인 게 최소한 같이 일하는 사람들의 고혈을 빨면 안 된다는 거예요. 많은 시민단체의 실무자들이 좋은 가치의 실현을 위해서 너무 힘들게 일하잖아요. 최저시급이라도 받으면 다행이죠. 저도 이런 부분에서 상처를 참 많이 받았는데, 이건 우리 사회가 정말 반성해야 하는 문제라고 생각해요. 반대로 바뀌어야 해요. 같이 일하는 사람이 주체적으로, 안정되게 서 있어야 하는데 그건 다그치고 교육한다고 되는 게 아니잖아요.

오랜 시간이 지났는데도 시민단체 운영을 위한 수익적인 측면을 해결하기는 참 어렵네요. 수익보다는 가치를 위해 모인 사람들이니까 감수해야 할까요?

저희 목표가 '과잉 진료하지 말자'인데 과잉 진료를 하지 않으면 돈이 안돼요. 그래서 많은 의료사협이 적자를 보고 있어요. 의료보험 안 되는 링거라도 맞게 해야 하는데 그걸 안 하니까요. 처방에서 '약 먹어라'가 아니고 '운동해라'가 나오니까 돈이 안되는 거죠. 저희도 가장 큰 걱정이 운영에 대한 부분이에요. 하고자 하는 일은 많은데 그걸 지속할 수 있느냐는 거죠.

조합원이 정말 많아지면 수익 걱정을 덜 수 있을 것 같은데요.

그렇죠. 그런데 내과나 가정의학과 경우엔 운영 적자가 나지 않으려면 조합 세대가 2천~3천 세대가 돼야 한다고 이야기를 해요. 그렇게 하지 않으면 운영하기 힘들죠. 그리고 치과의 경우엔 기계가 많이 들어와야 하잖아요. 뽑을 이를 안 뽑고, 임플란트할 것을 간단한 치료로 대체하기 때문에 제가 알기로 치과로 의료사협을 하는 경우는 거의 없어요.

재홍님은 의료 분야는 크게 관심 없었다고 하셨는데 엄청 자세히 알고 계시네요.

1년 동안 열심히 공부했어요. 보통은 준비 기간만 2~3년 되거든요. 처음엔 어딜 견학 가도 아무것도 모르니까 질문할 게 없어서 그냥 듣기만 하고 왔거든요. 지금은 질문할 게 많아졌죠. (웃음) 아무튼 저희가 이렇게 말도 안 되게 빨리 만들어질 수 있었던 건 아까 말씀드렸던 느슨한 공동체의 인적 자원이 있었기 때문인 것 같아요.

멋져요. 산청이라는 곳은 이런 매력이 있네요.

　　네. 정말 신기했어요. 처음에 저는 '왜 산청에는 시민단체나 협동조합이 없을까?' 생각했는데, 굳이 필요가 없었던 거죠. 그러니까, 곳곳에 작은 공동체들이 있었고, 그들이 느슨하게 유지돼 있던 거예요. 특히 '목화장터' 밴드는 저희가 '도깨비방망이'라고 부르거든요. 필요한 물건들이 거의 100퍼센트 다 나와요.

　　또 거기에서도 김명철 원장님이 큰 역할을 하시죠. 코로나 이전에 '목화장터'를 열 땐 원장님이 제일 먼저 나와서 같이 텐트를 치세요. 제가 자주 하는 말이 이거예요. "공동체가 철학 때문에 깨지는 줄 아냐? 설거지 누가 할 건지, 바닥을 누가 청소할 건지 때문에 공동체가 무너지는 거야!" '목화장터'의 경우엔 원장님께서 설거지나 비질을 하시기 때문에 무너질 일이 없는 거예요.

정말 공감돼요. 대안적 삶의 방식을 외치는 곳이라도 공동체 내부의 위계
가 공고한 곳이 많죠.

정 서울에서 일을 그만두었던 결정적인 계기도 그런 거예요. 대
안 언론사의 행정 파트였는데, 그 당시 기자들은 행정 파트를 무시
하는 경향이 있었거든요. 대안 언론사라도 마찬가지예요. 그래도
저는 기자들이 많이 고생하니까 사무실 청소를 했거든요. 그런데
어느 순간 기자 선배가 "황재홍! 왜 청소가 안 돼 있냐?" 이러는 거
예요. 그래서 제가 "저 청소하는 사람 아닙니다" 하고서 그다음부
터 청소에 손을 놔버렸어요. 그걸 너무 당연시하더라고요. 그런 것
들 때문에 공동체가 깨져요.

재홍님은 '시골에선 과거의 학벌이나 경험이 별로 중요하지 않다'면서 '배
우는 마음으로 임한다'라고 하셨어요. 여기에 대해 좀 더 자세히 이야기해
주실 수 있나요?

저와 아내 모두 듣는 걸 잘 하거든요. 지금은 말을 많이 하고
있는데… (웃음) 듣는 걸 좋아해요. 때때로 듣기 싫어도 듣는 척이
라도 해요. 배우려는 마음을 항상 가지고 있어요.

처음 이사 와서는 마을 공동체에 대한 욕심이 있어서 마을
안으로 갔는데, 그게 장단점이 있더라고요. 예를 들면 우리 마을은
입구 길이 하나밖에 없거든요. 거기에는 정자가 있고요. 할머니,
할아버지가 쭉 앉아 계시는데 차 타고 올라가면 그 눈빛이 정말 부

담스럽거든요. (웃음)

　적당한 거리와 적당한 관계, 그게 제일 어렵잖아요. 저는 마을 일을 하면서 '우리가 마을 일을 열심히 하면 인정해주시지 않을까?' 했는데 제가 어르신들을 잘못 생각했던 거예요. 다른 마을 사람들보다 조금만 손해 보는 것 같으면 어느 순간 공격이 오더라고요. "왜 우리는 이게 안 되냐!" 하시면서요. 지원사업 받아서 많이 챙겨드리려 노력했는데, 이런 말을 들으면 힘든 부분도 있어요. 주위 사람들이 마을 일하면 상처만 받고 나온다고 해서 처음엔 "에이, 설마!" 했는데 제 경우엔 실제로 그렇게 되더라고요.

그런 어려움을 계속 헤쳐가면서 삶을 유지할 수 있는 스스로의 강점은 뭐라고 생각하세요?

　저는 잘 내려놓을 수 있는 성격이에요. 어릴 때 시험 볼 때도 100점 맞다가 70점 받아도 그냥 만족하는 성격. (웃음) 그래서 제 학력고사 점수도 몰라요. 내가 점수 매긴다고 해서 점수가 올라갈 것도 아니고, 혹여나 미리 채점해서 점수가 안 좋으면 마음도 상하는데 뭐하러 점수를 매기냐는 식이죠. 못한 것에 대해서 너무 애쓰려고 하지는 않는 것 같아요. 다 잘할 수는 없잖아요.

지역살이를 꿈꾸는 분들이 요즘 많이 계세요. 선배로서 그런 분들에게 해주고 싶은 이야기가 있나요?

제가 많은 충고를 받고 공감하는 부분은 '가르치려 들지 마라' 그리고 '무시하지 말라'는 거예요. 귀농 귀촌하시는 분들은 대부분 학력이 좋은데, 여기 어르신들은 초등학교도 나오기가 힘들었고 글씨 모르시는 분들도 계시다 보니 무시하는 태도를 많이 봤어요. 유기농업 안 하고 관행 농업 한다고 무시하고, 판매에 대해서도 무시해요. 그런데 농사일에 대해서는 어르신들이 더 전문가거든요. 그분들 안 계셨으면 지금 산청은 없는 거거든요. 지역 사회에서는 관행 농업은 그것대로 인정하고 만약 유기농업 하고 싶으면, 그렇게 하면 되는 거예요. 서로 천천히 설득하는 시간이 필요한 것 같아요. 그리고 빠르게 결과물을 가지려고 하는 분들도 계세요. 공동체를 하고 싶거나 수익을 원하는 분들도 마찬가지로 너무 급하게만 생각하면 안 돼요.

마지막 주제로 '청소년 공간 모하노'에 대해 말씀해주실 수 있나요? '내버려 두는 공간'이라고 하는 게 인상 깊었어요.

이 공간도 처음엔 학원이었거든요. 그런데 학원 원장님이 이 공간을 내놓는다기에 저와 아내가 '공부방이 빠지면 또 다른 학원이 들어오겠지' 생각해서 저희 사비로 임차해서 공유공간으로 만들었어요. 처음에 자연스러운 공유공간으로 어른이든 청소년이든

묵묵한 발자국

쉬고 가라고 했는데, 자연스럽게 청소년들만 오게 됐어요. 어른들은 갈 곳이 많잖아요. 청소년들한테는 "학교 마치고 학원 가는 빈 시간 있으면 와서 쉬다 가라.", "우리는 터치 안 한다.", "여기선 핸드폰을 하든 잠을 자든 게임을 하든 알아서 해라"하면서 거의 내버려 둬요.

'모하노' 공간은 두 분의 마음에서 만들어진 거네요.

네. 산청에 청소년 공간이라고 불리는 곳이 두 군데 있는데, 여기와 '명왕성'이에요. '명왕성'은 후원제로 운영하고 '모하노'는 사비로 운영하다 보니 여기가 서비스는 훨씬 떨어지죠. 아이들한테 맛있는 거 사주기가 어려워서 좀 아쉬워요. 마음으론 좋은 음식을 해서 애들한테 주고 싶은데 우리는 그럴 시간도 돈도 안되다 보니 아이들이 인스턴트 음식 먹는 걸 손 놓고 지켜볼 수밖에 없는 상황이에요. 그나마 '삼성꿈장학재단'에서 지원받아서 동아리 활동이나 간식비를 지원한 정도에요.

아무튼, 여긴 뭔갈 해야 하는 곳이 아닌 '해볼까?' 하는 마음이 드는 곳이에요. 그래서 지원사업을 받는 것도 어려워요. 지원사업은 결과물이 있어야 하잖아요. 그게 너무 싫은 거죠. 시간내서 사진 찍어야 하고, 결과물 자료집 만들어야 하고… 아이들을 그런 데 동원하기도 싫기도 하고요.

시천면은 산청읍과는 좀 떨어져 있기도 하고 지역색이 강해서 '모하노'가
정말 필요한 공간 같아요. 혹시 후원은 생각 안 해보셨어요?

　　　　그러고 싶지는 않아요. 후원을 받으면 또 거기에 매이게 돼
요. 지금은 만약 그만두게 돼도 우리가 결정해서 문 닫으면 그만인
데, 후원자가 있으면 마음대로 결정하기 쉽지 않아지잖아요. 학생
들한테도 이런 이야길 했더니 시작을 했으면 끝까지 우리를 책임
지라고 하더라고요. (웃음)

그 친구들이 자라서 이 공간 매니저가 되면 좋겠어요. 이 가치 그대로 이
공간이 남으면 좋겠거든요.

　　　　매니저 문제도 많이 고민하고 있어요. 결국은 인건비 문제라
어렵긴 하지만요. 그리고 요즘 아이들이 체격이 큰데 여기는 좀 좁
기도 하고, 화장실도 그렇고, 환경이 열악해요. 고등학생들이 있으
면 중학생들이 오기 좀 어렵기도 하고요. 그래서 더 넓은 곳으로
옮겨야 하는데 그 책임을 우리가 모두 지긴 쉽지 않아서 고민하고
있어요.

'모하노'의 지속을 위해 저희 지역에서도 홍보해볼게요. 인터뷰 즐겁게 이
끌어주셔서 감사합니다.

　　　　제가 감사합니다. (웃음)

권경민, 김다은

© 권경민

제가 한 번 해보겠습니다

"

그게 맞는 말이면
제가 고쳐야 하는 거예요.
거기서 기분 상해 있으면
나아지는 건 없잖아요.
다음 스텝으로 가는 게 더 중요하니까.

"

제가 한 번 해보겠습니다

권경민, 김다은(하동)

.˙. 송현

카페가 너무 예쁘네요. 저희는 밤에 도시에 나오면 불빛 보고 달려들어서

'지리산 불나방단'이라고 불러요. (웃음) 예쁜 곳 보면 들어가고 싶어지는

데 '카페 하동'이 딱 그러네요.

　　다은: 비 오는 날은 더 예뻐요. 그런데 제가 밤에 영업을 안

　　해서 사람들이 예쁜 걸 잘 몰라요. (웃음)

경민님과 다은님 두 분은 여기 와서 알게 된 사이에요?

　　경민: 원래 제가 대학 다닐 때부터 이 카페를 좋아해서 단골

　　이에요. 사장님과 친해지고 싶었는데 올해 많이 가까워졌어요.

　　다은: 손님 중에서 친해지고 싶어 하는 사람은 눈에 다 보여

　　요. 뭔가 달라요. (웃음) 근데 경민 씨가 청년들한테 하동에 계속

있으라고 많이 그러거든요. 올 때마다 자꾸 군청에서 보낸 스파이 마냥 뭘 같이해보자고, 여기 있으라고 꼬셨어요. 저는 "군수가 시켰죠?" 그러고.

경민: 맞아요. 하동에 있으라고. "그런데 강요는 안 할게요" 이러면서. (웃음)

지역에 또래들이 있어야 힘이 되잖아요. 저에게도 마을 친구들이 정말 큰 힘이 되거든요. 친구들 없이는 지역에서 오래 못 살 것 같아요.

경민: 네. 저도 솔직히 친구 없으면 하동에 안 있을 것 같긴 해요.

다은님 먼저 시작해보죠. '카페 하동'을 열기 전엔 어떻게 지내셨어요?

다은: 저는 스물한 살부터 첫 사회생활을 시작했어요. 사실 아무것도 모르고 시작해서 자유롭지 못했고, 직장 생활을 너무 힘들게 했거든요. 휴가도 많지 않아서 국내 여행도 많이 못 갔어요. 그 덕인지 지금은 힘든 게 별로 없고 행복이 더 크게 느껴져요.

그러다 유럽에 너무 가고 싶어서 찾아보다가 제가 영어 스피킹을 너무 못하는 거예요. 그래서 3개월 동안 필리핀으로 어학연수 다녀왔어요. 내가 하고 싶은 말은 어느 정도 할 수 있겠다 싶어서 한국 돌아와서 유럽 여행을 계획했는데 돌아올 때쯤 엄마가 아프셨어요. 그러면서 저도 여행을 못 가게 되고 엄마 간호하면서 하동에 계속 있게 된 거죠. 아버지 일 때문에 두 분이 하동에 계셨거든요. 그래서 얼떨결에 하동에 왔는데 저는 하동이 너무 잘 맞았어요. 그때부터 아직 유럽 여행 못 갔다는… 내년 1월엔 가기로 했습니다.

하동의 어떤 점이 매력적이었어요?

　　다은: 저는 하동을 아예 몰랐어요. 하동이라는 지역이 있는 줄도 몰랐어요. 그런데 오고 나서 보니 섬진강과 지리산이 있고, 경상도와 전라도 사이고, 바다도 있잖아요. 이런 자연이 너무 좋았어요. 그래서 카페 이름도 '카페 하동'으로 지었잖아요. 또 저희 마을에 신선하고 맛있는 과일이나 야채가 계속 나오거든요. 사람들도 그런 것들을 가져다주시고… 생각해 보니 저는 시골이 잘 맞는 것 같아요.

도시와 지방에서의 삶의 차이를 느끼는 순간이 있었어요?

　　다은: 서울이나 부산 같은 대도시에 살아본 적은 없어요. 그래서 비교할 수는 없지만, 어렸을 때 저는 정말 서울에 살고 싶었어요. 서울 가야 성공하는 느낌, 그런 게 있었거든요. 그리고 서울에 내가 좋아하는 것들이 다 있으니까요. 맛있는 것도 많고, 책방도 많고, 클래스도 많고, 문화생활도 할 수 있으니까 '난 나중에 무조건 서울 가서 살아야지' 생각했었는데 어느 순간 자연스럽게 그

런 마음이 없어졌어요. 서울 사는 친언니 집이나 친구 집에 가더라도 잠깐 며칠 있다가 오고… 저는 서울 못 살겠더라고요. 여행가는 건 좋은데… 특히 잘 때, 하동은 진짜 조용하잖아요. 도시에선 소음이 너무 힘들었어요. 제가 알고 보니 사람 많은 걸 별로 안 좋아하는 것 같아요.

10대 시절 이야기를 듣고 싶어요. 10대 땐 어떤 사람이었어요? 기억에 남는 에피소드가 있어요?

　　다은: 저는 10대 시절 정말 열심히 공부 안 하는 학생이었어요. 공부 안 하고 진짜 많이 놀았고요. 고3 때 제일 많이 놀았고, 기숙사 생활을 하면서 제일 많이 살쪘고요. (웃음) 그때 진짜 재미있게 놀았어요. 공부 빼고 다 재미있었던 것 같아요. 그래서 가고 싶은 대학이나 과는 없었고, 하고 싶던 게 명확하게 없었어요. 무엇이 되고 싶다는 생각이 없었던 것 같아요. 학교도 성적에 맞춰서 우연히 항공대를 가게 되고, 어떻게 해군 항공 쪽으로 가게 됐죠. 그러니까 정말 우연이 겹쳐서 지금까지 왔어요.

　　제 장점이자 단점이 먼저 해보는 거거든요. 일단 지원을 먼저 해 봐요. 일단 해보고 안 되면 말고. 이런 식이라서 밀쳐봐야 본전이니까 대학도 그렇고, 직장도 그렇고, 여기 'LH청년희망상가'도 그래요. 사업을 할 생각이 없었는데 월세가 너무 저렴하니까 유럽 갈 돈을 여기에 투자를 한 거예요. 사업 계획서도 처음으로 '카

제가 한 번 해보겠습니다

페 하동' 열려고 써본 거죠. 명확하게 바라는 건 없어도 가능성이 있거나 해보고 싶은 것이 있으면 먼저 해봤던 것 같아요.

그 성격은 10대 때도 마찬가지였나요? 그렇다면 정말 걱정 없이 건강하게 살아오신 것 같아요.

　　　　다은: 네. 저는 진짜 단순해요. 저는 낙천적이고 긍정적이어서, 그러니까 생각이 많이 없는 게 장점이자 단점인 것 같아요. 제가 지금도 철이 들었다고는 생각이 안 드는데 그때는 더 심했을 거 아니에요. 그나마 사회생활 하면서 눈치라는 걸 배우고, 그때 온갖 수난과 우울함 같은 걸 많이 겪었어요. 욕도 많이 먹었고요. 그래서 그나마 나은 제가 됐습니다.

경민님 이야기도 궁금해지네요. 경민님의 10대는 어땠나요?

경민: 지금이랑 똑같은 것 같은데, 그때도 같잖게 하동의 문제를 해결하려고 했어요. 혼자서 화나 있는 애 있잖아요. 이건 이래야 하는데… 하면서요. 그런 성향이 지금도 똑같은 것 같아요. 제가 고등학교 때부터 디자인이나 브랜드에 관심이 많았는데 사람들이 그런 걸 모르는 게 너무 답답한 거예요. 그래서 패션쇼를 만들었어요. 축제 때 직접 옷을 만들어서 모델 준비하던 친구들에게 입히고, 워킹하고, 또 꾸미는 것을 좋아하는 친구들이랑 같이 무대 세팅, 옷 만들기, 기획, 포스터 만들기 이런 거 했어요. 그게 지금도 이어지고 있대요. 너무 뿌듯하죠. 제가 1회예요.

원래 하동에서 계속 지내셨던 거죠?

경민: 네. 제 고향이 하동이에요. 태어나서 부산으로 대학교 갔던 4년 빼면 하동에서만 있었어요. 졸업하고 올해 다시 내려왔어요.

하동엔 왜 다시 돌아오셨어요?

경민: 단순하게 학교 다니다가 원룸 계약 끝나면서 하동에서 취업 준비를 해야겠다는 마음으로 왔어요. 바로 취업 준비를 하려고 왔는데 맨날 '카페 하동'에 앉아서 이야기하다가 "어? '열정건강클럽' 해볼래요?" 이렇게 된 거죠. "근데 사장님, 저는 취준생이

니까 대표자는 사장님 이름으로 하고요. 저는 하다가 갈 수도 있으니까요." (웃음)

신기하네요. 보통 고향이 시골인 분들은 돌아오기 싫어하지 않나요?

　　경민: 저는 계속해서 하동을 뜰 생각이었어요. 진짜 내려올 때만 해도 '내가 만약에 하동에 일주일 이상 있으면 난 아무것도 아니다' 이런 생각이었는데 요즘은 하동에서 여러 가지를 해보려고 친구들이랑 으쌰 으쌰 하고 있어요. 그래서 지금 당장은 하동을 뜰 생각이 없어요. 계속 재미있는 것들 해보고 싶어요.

하동에 있으면서 불안함은 없으셨어요? 대학교 졸업하면서 친구들과 경로가 달라지는 것에 대해서요.

　　경민: 대학에 있는 친구들이 저한테 "너 거기서 뭐하냐?"라는 말 많이 해요. 카페에서 작업하고 있어도 "경민, 언제까지 거기 있을 거야?" 얘기하고요. 저는 하동에 있고 싶다고 얘기하니까 어떤 친구는 정신 차리라고 했거든요. "하동은 나이 들어서 오는 곳이고, 네가 지금 친구들이랑 너무 재미있어서 이런다. 정신 차려라!" 이렇게 말하는 친구도 있었어요. (웃음)

　　저는 이런 불안감을 기반 삼아서 하동에 있을 명분을 만들어 갔어요. 영상 디자인을 전공하지는 않았어도 할 수는 있으니까, 그런 일이 생기면 항상 제가 한다고 이야기하거든요. 그렇게 하다 보니 하동에 있을 명분이 생겼고요. 그렇게 이어지면서 지금은 하동에서 활동하는 디자이너라고 말할 수 있게 되었어요.

인터뷰를 요청드렸는데 개인 디자인 작업 포트폴리오도 보내주신 걸 보고 느꼈어요. '열정건강클럽'이 괜히 생긴 게 아니라고 생각했어요. 열정! 열정! 열정!

경민: 활동을 보여줄 수 있는 게 그것밖에 없었어요. (웃음)

디자이너를 하고 계시잖아요. 하동에서 디자이너로 산다는 게 궁금해요. 디자이너라면 도시에선 더 다양하고 많은 일을 할 수 있을 것 같기도 하고요. 하동의 디자이너로서 어떤 장점이 있고 어떤 게 힘든가요?

경민: 하동이라서 힘든 부분이 너무 많은데요. 제 전공은 브랜딩이어서 디자인이라고 하면 처음부터 촘촘하게 스토리가 있어야 하고 로고는 어떠해야 한다는 저만의 기준이 있거든요. 그런데 하동은 로고? (띠용) 포스터? (띠용) 이런 반응이에요. 그러니까 여기선 디자이너가 아니라 오퍼레이터가 필요한 거예요. 그게 답답했어요.

반면에 기회가 많이 생긴다는 장점이 있어요. 최근에는 재미있는 프로젝트도 참여했어요. '하동차편'이라고. 하동이 차가 유명하잖아요. '하동 야생차 엑스포'의 일환으로 프로모션 행사를 한 건데 재미있게 작업했어요. 구성은 다른 대행사 분이 하시고 나중에 제가 붙어서 같이 마무리했어요.

오신 지 얼마 안 됐지만 벌써 많은 디자인 작업을 하셨더라고요. 이후에도 하동에서 디자인을 꾸준히 하고 싶으세요?

경민: 바로 일을 시작했던 건 명분 만드느라 그랬죠. 그런데 사실 내가 어디 있냐는 위치적인 조건은 별로 안 중요한 것 같아요. 제가 하동을 좋아하니까요. 지금은 하동에서 재미있게 사는 게 목표예요.

얘기 나온 김에 '열정건강클럽'에 대해서 설명해주세요. 인스타그램 보니까 영상이나 브랜딩에서 전문가의 손길이 느껴졌어요! 취미 활동인데도 정말 진심으로 하고 계시더라고요.

경민: 좀 본격적으로 하려고요. 처음에 제가 너무 열심히 하니까 사장님이 "경민 씨, 적당히 해요~ 너무 힘 빼지마~ 포트폴리오나 해~" 그러더라고요. (웃음) 카페에 개인 포트폴리오 하려고 왔다가 계속 이것만 하고 있었거든요. 조만간 사장님 얼굴이 그려진 후드티가 굿즈로 나올 거예요.

다은: 처음에 '지리산 이음'에서 어떤 포스터를 붙이러 오셨어요. 뭔가 싶어서 봤는데 지리산권 동아리 사업이더라고요. 나도 할 수 있겠다 싶어서 경민님에게 제안했어요. "이거 해볼래요? 우

리끼리 놀 수 있는데 돈을 준대." 그래서 이름도 뜬금없이 '열정 있고 건강해집니다'라는 의미에서 '열정건강클럽'으로 하고 사업 계획서 쓰듯이 썼어요. (웃음) '열정건강클럽'을 줄여서 YGC에요. 이것도 정말 편하게 생각해서 했는데 된 거예요. 의외로 치열하긴 했지만요. 아무래도 이번에 지원자 중에 하동 청년들이 별로 없어서 특별하니까 도와주고 싶었나 봐요. 이런 동아리를 오래 유지했으면 좋겠다는 마음에서요.

로고 멋있더라고요. 그것도 역시 경민님 작품이군요.

　　다은: 경민 씨가 아주 힙하게 만들었어요. 하동에 살면서 자연을 많이 못 누리고 사는 청년들이 더 많이 있고 개중에는 모르는 사람도 많아요. 그래서 '하동에서 자연도 누리고 건강도 챙기자' 생각해서 매주 월요일마다 가까운 송림공원에서 러닝과 플로깅을 진행하고 있어요. 아침에 등산이나 자전거를 타기도 했고요. 그런데 여름에는 더워서 안 하고 최근에 좀 활동이 더디긴 했네요. 저희끼리 많이 모이긴 했는데 계획이 수립이 안 돼서 못한 적도 많아요. 계획서에는 정말 열정 있게 '천왕봉 등반' 이런 것들 적어놨는데, 이음에서 이렇게까지 안 해도 된다고 하시더라고요. (웃음) 그리고 중요한 게 하동 청년들의 시그니처 굿즈 좀 만들어 보자는 욕심이 있었어요.

　　경민: 처음에 에코 브랜드가 시작이었어요.

다은: 맞아요. 굿즈를 만들고 싶었어요. 짚업 후드랑 반팔 티, 양말까지 해서 1차 제작했었고, 최근엔 제 얼굴이 들어간 후드를 제작 중이에요. (웃음)

다은님이 하동에서 살면서 가장 어려운 점은 뭔가요?

다은: 처음 왔을 때 만약 차가 없었으면 엄청 힘들었을 것 같아요. 다행히 올 때부터 차가 있었기 때문에 교통에 대한 불편함을 못 느꼈는데, 지금도 출근은 차량으로 하거든요. 차가 없었으면 진짜 아찔(!)… 하동 싫었을 것 같아요. 차가 있으니까 가고 싶은 곳도 갈 수 있는 거죠. 하동은 버스 같은 대중교통이 너무 잘 안 되어 있어요. 마을까지 들어오는 버스가 몇 대 없기도 하고요.

또 문화생활 결핍이 있긴 했어요. 영화를 너무 좋아했는데 영화 보려면 순천, 진주, 광양까지 나가서 봐야 했거든요. 그런데 얼마 전에 하동에 영화관이 생겼어요. 되게 좋아요. 아직 사람이 많이 없어서 혼자 볼 때도 많고 스크린도 크고 의자도 좋아요. 이제는 하동에 웬만한 건 다 있다. (웃음)

경민: 청년 빼고 다 있다! (웃음)

(웃음) 하동에 청년이 없나요?

다은: 일단 공무원들이 다 청년이시긴 한데 하동에 살진 않고 진주에서 출퇴근하는 분들이 많아요. 방학 시즌에 하동에 머무

는 대학생들이 조금 있는 것 같고요. 이분들 말고 진짜 청년이 많이 없었는데 최근에 조금 생겼어요.

경민님은 하동에서 생활하면서 뭐가 제일 힘들었어요?

경민: 저도 교통인데요. 전 면허도 없고 차도 없는데 그나마 친구들한테 빌붙어서 잘 해결하고 있어요.

'카페 하동' 얘기를 해볼까요? 이름 듣고 너무 놀랐어요. 지역 이름을 상호
로 쓸 수 있나요?

다은: 쓸 수 있어요. 제가 처음 '카페 하동'이라고 쓸 때는 지
역민들이 웃기게 생각했었어요. 보통 '하동 카페'로 많이 이야기하
시고요. 이름 정할 때 예쁜 이름 하고 싶어서 스페인어, 영어 다양
하게 찾아봤거든요. 가족회의도 할 정도로 엄청 시안이 많았어요.
그런데 사업 계획서 쓰다가 내가 하동 로컬푸드로 메뉴를 만들 건
데 이름 그대로 '카페 하동'으로 하자 생각했어요. 별생각 없이 정
말 꽂혀서요. (웃음) 처음에 이렇게 한다고 했을 때 가족조차도 좋
다고 얘기하는 사람이 없었는데, 지금은 다들 좋아해요. 이제는 매
장 이름에 '하동' 들어간 곳이 엄청 늘어났어요. 하동에서 한달 살
이하러 왔다가 '어쩌다 하동'이라는 개인 매장까지 열었던 분도 계
세요. 그 이름도 제가 지었어요. (웃음) 지금은 문 닫고 꿈을 찾아
서 프라하로 가셨어요.

좋아하는 걸 바로 행동으로 옮기는 게 다은님과 닮은 부분이 있네요.

다은: 맞아요. 어떤 걸 하고 싶다 하는 사람은 많이 봤어도
정말 실행으로 옮기는 사람은 드물어요. 직접 하시는 분은 진짜 1
퍼센트예요.

1퍼센트의 다은님, (웃음) '카페 하동'은 어떻게 여셨어요?

　　　　다은: 하동에 와서 엄마 간호하면서 집에 있다 보니 TV에 'LH청년희망상가' 공고 소식을 본 거예요. 마감이 며칠 안 남은 상황이었어요. 그때 마침 돈이 조금 있었고, 월세가 너무 저렴하니까 적자는 아니겠다 싶어서 시작했어요.

　　　　카페에 대해서는 하나도 몰랐어요. 카페를 할 생각도 없었고요. 그런데 하동에 내가 가고 싶은 카페가 없는 거예요. 제 감성이나 느낌, 취향의 카페가 없었어요. 그리고 주변에서 하동의 과일 같은 걸 주시는데 이걸 잘 이용해보면 좋겠다고 생각해서 시작하게 된 거죠.

저 같으면 공고를 보고 '임대료가 좀 싸네?'하고 넘어갔을 것 같은데 다은님은 할 생각도 없는 카페를 하시다니, 대단하시네요. 지원사업 받으실 때 자금 마련은 어떻게 하셨어요?

　　　　다은: 유럽 갈 돈으로 충당했는데 그 돈으로 다 안 됐어요. 그래서 대출도 받았고 또 당시에 선배 언니가 돈도 빌려주셨어요. 짱이죠? 지금도 그 언니가 카페 오고 연락하고 지내는데 선뜻 먼저 빌려준 마음이 고마워서 가장 먼저 언니한테 돈을 갚았어요. 그리고 저는 오픈한 지 1년 돼서 빚 청산을 다 했어요. 빨리했죠?

엄청나게 빨리 청산하셨네요. 창업 준비하는 과정이 만만치 않았을 것 같아요. 운영수칙부터 메뉴 개발도 해야 하고, 커피잔, 집기 도구 하나까지 챙겨야 하잖아요.

다은: 하나하나 고르는 게 일이긴 해요. 하동에는 구매할 만한 곳이 없으니까 집기류, 접시, 커트러리 하나하나 인터넷으로 골라야 하고요. 처음부터 완벽하게 꾸미지 못했고, 빈 곳도 많았는데 운영하면서 채운 게 많아요. 초반에는 도와주신 분들이 너무 많았고요.

커피를 하게 된 것도 신기한 데, 집 주위에 '양탕국'이라고 카페가 하나 있어요. 아빠가 거기서 커피 핸드드립 클래스를 한다고 같이 배우자고 하는 거예요. 그때까지만 해도 저는 커피에도 관심이 없고 카페 할 생각은 더더욱 없었어요. 평소에 커피를 즐겨 마시지도 않았고요. 그런데 그걸 배우면서 커피를 제일 많이 마셨던 것 같고, 에스프레소보다 손으로 내리는 게 맛있다는 걸 알게 되면서 조금씩 재미를 느꼈어요. 잘 배워서 핸드드립 자격증도 땄고요. '카페 하동' 메뉴에서 핸드드립도 추가하려고 했는데, 아직 여건이 안돼서 메뉴로는 못 만들고 있어요.

그리고 카페 하면서 너무 좋은 분들을 알게 되고 많은 도움을 받았어요. 예를 들면 인테리어도 제가 하고 싶은 그림만 있었지, 어떻게 시작해야 할지 몰랐거든요. 그런데 정말 좋은 목수님을 소개받았어요. 제가 하동에 처음 이사 왔을 땐 남해를 더 좋아해서 자주 갔거든요. 인테리어 견적을 알아보던 차였는데 남해에 '돌창고 프로젝트' 카페 대표님이랑 몇 번 만나면서 얘기하다 보니 그분이 하동 사람이더라고요. 그래서 돌창고 프로젝트 만들어주셨던 건축가를 소개받아서 되게 잘해주셨죠. 그런 식으로 도와주시는 분이 많으셨고, 카페 소품이나 분위기 만드는 건 제 취향대로 만들어 봤어요.

포스터의 그림이나 글씨가 아기자기하고 귀여워요. 이것도 다은님이 하셨어요?

다은: 원래 '카페 하동'의 로고가 있거든요. 그건 부산의 박소영 디자이너라는 분의 작품이에요. 인스타를 보다가 알게 됐는데, 스타일이 너무 마음에 들더라고요. 처음 만난 디자이너분이랑 작업해서 좋은 로고가 나왔고요. 그 뒤에도 작업을 했었는데, 만들어 놓고 잘 안 써지더라고요. 그래서 지금은 더 쉽게 변형할 수 있도록 제 손그림으로 그리고 있어요.

지금 카페 오픈한 지 3주년 됐잖아요. 카페는 음료만 만드는 게 아니라 손님맞이도 해야 하고 세금 신고도 해야 하죠. 이런 일은 잘 맞던가요?

다은: 진짜 그래요. 다른 일이 많아요. 친하게 지내던 언니도 카페를 오픈했는데, 하고 보니 서비스 성향이 안 맞아서 그만뒀거든요. 다행히 저한텐 잘 맞는 것 같아요. 저는 사람들이 많은 걸 좋

제가 한 번 해보겠습니다

아하진 않는데, 그렇다고 싫어하지도 않는 것 같고… 적당한 거리를 유지하면 좋아요. 카페 오는 모든 손님과 얘기를 하는 게 아니니까요. 저는 제 할 일인 맛있는 커피, 맛있는 와플을 만들어주면 되고, 손님은 이 공간에서 잘 지내다 가면 더 좋은 거잖아요. 서로가 적당함을 지키는 선에서 카페를 운영하려고 해요.

특히 하동에 젊은 친구들이나 하동 귀촌을 계획하는 사람들은 카페가 정보를 접하기 쉬우니까 여기서 지역 정보를 많이 물어보세요. 결이 맞는 사람이면 대화를 나눠도 에너지 낭비가 안 되고 신나게 얘기를 하는데, 대화가 안 통한다 싶으면 바로 느껴지잖아요. 그게 티가 나니까 대부분 알아서 선을 지켜주세요.

'카페 하동'은 피크닉 세트 대여도 했잖아요. 카페 해보신 적 없다면서 소비자 니즈를 정확하게 파악하고, 여기서 먼저 제공하는 느낌이었어요. 로컬 푸드 이용해서 메뉴 개발도 하시고요.

다은: 제가… 적성인가 봐요.

경민: 그러니까 이 사장님은 '이렇게 하면 잘 팔리겠네' 이런 식으로 접근하는 게 아니라 그냥 감각적으로 하시는데 그게 잘 맞아떨어지는 거예요.

천재형(?) 카페 사장님이네요. (웃음) 타고 나신 것 같아요.

　　다은: 저는 커피 원두 선정부터 메뉴 개발할 때도 제가 좋아
하고 맛있어하는 것만 만들었거든요. 어차피 수많은 카페가 있잖
아요. 그중에 이런 카페 취향을 가진 사람이 분명히 있겠죠. 피크
닉 세트도 똑같이 생각했어요. 제가 송림공원으로 소풍 가는 걸 너
무 좋아하는데, 사람들이 이 행복을 똑같이 누리면 너무 좋을 것
같다고 생각했어요. 그리고 피크닉 준비물을 하나하나 챙기는 사
람도 드물잖아요. 처음 했을 때는 진짜 반응이 좋았어요. 예약도
많았는데 지금은 코로나 때문인지 많이들 준비해오세요.

저는 어떤 일을 시작할 때 준비를 완벽하게 해야 시작할 수 있는 사람이거
든요. 계획만 하다 몇 년 갈 때도 있어요. 그런데 두 분을 보면 반대 성향이
세요. 먼저 지르고 보는 스타일은 어떤 점이 좋나요?

　　다은: 다 장단점이 있는 것 같아요. 저도 계획 없이 했다가
손해 보는 것도 있고요. 왜냐면 미리 계산하거나 더 알아봤으면 최
선책이 있었을 텐데 저는 이미 지르고 보는 스타일이라 그게 장점
이자 단점이죠. 다 완전히 좋은 건 아닌 것 같아요.

하고 싶은 게 많으시다면서요. 카페를 갑자기 그만둘 수도 있나요?

다은: 언제든지. 진짜.

경민: 그게 막 눈에 보여요. 갑자기 인스타에 '오늘 날씨가 좋네요~' 이런 식으로 적어두고 문 닫고 놀러 가요.

다은: 저번 주 토요일 날 너무 날씨가 좋은데 손님들이 또 단풍 구경 갔어요. 왠지 오늘 카페도 너무 조용하고… 그래서 나도 가야겠다 하고 화개 놀러갔어요. (웃음)

하고 싶은 활동은 어떤 거예요?

다은: 일단 최우선 순위는 유럽 여행이고요. (웃음) 나중엔 목공이나 가구 디자인도 하고 싶어요. 카페 준비할 때 보니 '이건 나도 만들겠는데!' 하는 게 정말 비싸더라고요. 100퍼센트 내 취향의 가구들이 없고요. 색감이 좋으면 모양이 별로고. 이런 디테일 하나하나가 내가 하고 싶은 것대로 만들고 싶다는 마음이 있고요. 경민 님이랑 같이 브랜드 디자인 팀을 꾸려서 일하고 싶기도 했고… 하동에서도 친구들이랑 하고 싶은 것들을 같이 했으니까 더 의지하면서 할 수 있는 것 같아요.

음, 원래는 더 많은데 생각이 잘 안 나네요. 저는 어딘가에 쉽게 빠지는 스타일이거든요. 책이나 영화를 보면서 '나도 저거 해보고 싶다' 잘 생각해요. 요리도 그렇고요. 클래스 같은 것도 진짜 많이 들어요. 제일 저렴하게 할 수 있는 건 책인데, 원데이 클래스는 적당한 가격에 들을 만한 강의가 많아서 애용하고 있어요.

최근에 들었던 클래스가 있었나요?

　　다은: 최근에는 카페 클래스였는데, '그릭 요거트 만들기'였
어요. 제가 집에서 먹다가 대용량으로 만들고 싶은 거예요. 카페에
서 팔 수도 있으니까요. 그리고 하동에서 플라워 클래스 6주짜리
들었고, 경민님이랑 프랑스자수 원데이 클래스도 들었어요. 그분
도 제주도에서 하동으로 오신 선생님인데 꽃꽂이랑 프랑스자수를
되게 오래 하셨더라고요. 그래서 인스타 보다가 혹시 클래스 안 하
시냐고 DM으로 먼저 제안했던 경우예요. 취미를 다양하게 바꾸
면서 일상의 즐거움을 주는 걸 좋아해요.

혹시 많이 벌리고 쉽게 그만두는 스타일이신가요? (웃음)

　　다은: 맞아요. 제가 그래요. (웃음) 최근에는 운동에 빠져서
헬스를 하고 있습니다. 그거는 12월까지 목표를 달성하는 프로젝
트라서 오래 하고 있어요.

감사합니다. 다시 경민님 차례네요. 경민님이 작업하시는 그래픽 디자인은 무엇인가요?

경민: 제가 하는 그래픽디자인은 시각적으로 보이는 결과물을 만드는 거예요. 그중에 제가 좋아하고 자주 하는 일은 사진 작업이나 로고 작업이고요. 저는 디자인이 문제를 해결하는 서비스라고 생각하거든요. 어쨌든 클라이언트가 도달해야 하는 목표가 있고 그걸 디자이너가 이뤄주는 거라고 생각해요. 남의 돈으로 예술을 하면 안 되잖아요.

철저하게 상업적 디자이너 마인드로 접근하시네요.

경민: 네. 디자인은 그렇게 생각해요. 하지만 예술은 내 돈으로. (웃음) 제가 사진 찍는 걸 너무 좋아해서요. 지금은 남의 브랜드를 디자인해 주는 일을 하지만 목표는 제 브랜드를 론칭하는 거예요.

어떤 브랜드를 계획하고 계세요?

경민: 제가 사진을 너무 좋아하다 보니 하동을 담아놓은 사진이 진짜 많거든요. 그런 걸 포스터나 커튼이나 다양한 오브제로 만들고 싶어요. 제가 가진 사진으로 굿즈를 만들어서 리빙 브랜드를 만들어 보고 싶어요

기대되네요. 요즘 하루 일과는 어때요?

경민: 아침 7시에 일어나서 밥을 먹고, 헬스장을 가서 운동하고 씻고, 그 후론 행사가 없으면 제가 작업해 놓은 카페가 있거든요. 그 카페 가서 하루 종일 작업하고 작업이 다 끝나면 여기저기 가서 수다 떨어요. 친구들 만나서 놀고요.

역시 열정... 정말 꾸준히 노력하시네요. 전문 직종 프리랜서는 그런 계획을 세우지 않으면 무너지기 쉬운 것 같아요.

경민: 최근에 그런 걸 경험했어요. 중심을 못 잡겠더라고요. 너무 힘들고… 그래서 다시 돌아가자고 생각했어요. 제가 원래 아침형 인간이었거든요. 그래서 다시 아침에 운동하러 가요. 하루를 일찍 시작하고 그걸 지키려고 노력하고 있어요.

전 무너진 지 오래돼서 자극받게 되네요. (웃음) 달성하고 싶은 목표가 없다면 꾸준히 하기 어렵잖아요. 어떻게 지치지 않고 꾸준히 하나요?

경민: 저는 '아이폰 미리 알림'이랑 '노션'을 쓰거든요. 또 중요한 건 아침에 일어나면 할 일을 구체적이거나 거대하게 세우지 않는 거예요. '그래픽 로고 만들기' 이렇게 정하지 않고, '일러스트 켜기', 'PDF 켜기' 이런 식으로 잡아요. 일단 켜면 하게 되니까요. 그리고 시간마다 미리 알림으로 저 자신을 명령어로 만들어봐요. 그래서 하나씩 완료, 완료, 하면서 쳐내죠. 그 미션이 다 끝나

제가 한 번 해보겠습니다

면 '쉬어'라고 저에게 명령어를 주죠.

우와... 자괴감이 마구 들어요. 저도 로봇인데 누워만 있는 로봇이에요. (웃음) 요즘 꾸준히 하는 작업은 어떤 작업이에요?

경민: 요즘은 '하동차편' 프로젝트가 끝나서 잠깐 쉬고 있고, 'DMO지역관광추진조직'랑 하는 프로젝트가 있어요. DMO는 민간이 관광과 관련된 유의미한 프로젝트를 하고 싶을 때 거치는, 그 아이디어를 발전시킬 수 있게 도와주는 중간 조직이에요. 저는 그 DMO 조직과 그 아래에 있는 민간 조직들을 보여주고 홍보하는 작업을 하고 있어요. 거기서는 디자인이라기보다도 오퍼레이터의 느낌이 강하고 저는 스스로 홍보팀으로 포지셔닝 했어요.

'디자이너'와 '오퍼레이터'는 어떻게 다른가요?

경민: 제가 대학에서 했던 디자인은 예쁘고 멋있는 디자인인데, 오퍼레이터는 운영, PM, 기획을 다 맡아요. 여기서는 우선 가독성이 좋고 모객을 해야 하니 사람들한테 쉬워야 해요. 그래서 디자인 부분에 많은 욕심을 내려놓고 하게 돼요.

다은: 서울에서 홍보하는 거랑 하동에서 홍보하는 건 진짜 다르거든요. 하동에서 홍보는 무조건 현수막이에요. (웃음) 온라인은 안 되고 무조건 현장, 그리고 현수막. 그게 제일 전파력이 좋아요. 그것부터가 하동에서 활동하는 디자이너의 특징이죠. 도시에

서는 다 SNS 홍보가 먼저지만, 여긴 연령대가 높다 보니 타깃층이
완전 다른 거죠.

경민: 또 관이랑 소통해야 해서 자극적이면 안 되고요.

여기에서의 디자인 작업은 예술이라기보다 말 그대로 클라이언트가 원하
는 걸 만들어내는 방식이어야겠네요.

경민: 클라이언트의 니즈를 잘 맞춰 줘야죠.

맞춰 주기만 하는 방식이 지치지는 않으세요?

경민: 그래서 그 욕구를 다른 데서 풀어요.

좋네요. 경민님의 도시살이는 어땠어요?

경민: 가장 싫은 게 있었어요. 문을 열면 남의 집이 보이는
거. 저는 부산에 살았는데, 하동으로 왔다 가면 다시 오는 게 아찔
해요. 버스? 아찔하고… 지하철? 아찔하고… 요즘은 악양면에서
일하는데 하루가 아무리 바빴더라도 집에 가는 길에 산이 펼쳐지
면 마음이 평-안 해져요. 서울에 있으면 사람들이 모두 끼어있잖
아요. 그건 싫어요. 너무 열심히 살았던 것 같아요.

도시에서 일해보고 싶은 욕심은 없어요?

경민: 제가 좋아하는 디자이너가 있는데 그 사람들 밑에서

일해보고 싶다는 욕심은 있었죠. 그렇지만 그러려면 도시에 있어야 하니까… 저 굴레에 들어가서 톱니바퀴가 되겠다는 마음은 정말 없어요.

도시에서 사회생활을 해보지 않고 그걸 어떻게 느끼셨어요?

경민: 계속 프로젝트는 많이 있었어요. 그 과정에서 자연스레 느낀 것 같아요. 그리고 직장생활을 하고 싶다는 마음이나 다른 사람들이 그걸 한다고 나도 하고 싶은 마음은 없었어요.

그럼 앞으로 어떤 방식으로 디자인하고 싶으세요?

경민: 어쨌든 유의미한 걸 하고 싶어요. 제 눈에만 예쁘면 예쁜 쓰레기잖아요. 누군가는 제 디자인을 받고 '우와!' 하고 감탄했으면 좋겠고, 쓸모 있다고 생각했으면 좋겠어요. 그런 디자인을 하고 싶어요. 그리고 메시지가 잘 전달되는 디자인이 중요하다고 생각해요.

요즘 전달하고 싶은 메시지는 있으세요?

경민: 제 브랜드로는 '하동'을 보여주고 싶어요. 특히 '지역의 삶', 하동 같은 지역에서 사는 사람들이요. 저희는 하동이 마냥 좋기만 해서 있는 건 아니거든요. 도시도 너무 좋지만 여기 있어도 괜찮다는 메시지를 주고 싶은데, 그걸 말로 하는 것보다 예쁘고 아

름다운, 감성적인 디자인을 통해서 보여주는 게 더 직관적이라고 생각하거든요. 그런 방식으로 보여주고 싶어요.

다은: 제 생각으론 경민님이 취업하지 않고 하동에 머무는 그 자체로도 지역의 학생들한테 충분히 영향을 주거든요. '저 언니가 도시 안 나가도 하동에서 잘 먹고 잘 사네' 이런 것들. 다들 졸업 후에 큰 도시로 나가는데, 대학교도 무조건 가야 하고, 취업도 무조건 도시에서 해야 하는 줄 알잖아요. 이게 법적으로 명시돼 있는 것처럼요. 그렇지 않으면 이상한 것처럼 생각했는데 요즘에는 하동에도 그런 흐름을 따르지 않는 사람이 많으니까… 하동을 좋아하는 게 이상한 게 아니라고 인식하게 해주는 일이 중요한 것 같아요.

경민: 그래서 사업자를 냈고 제가 대표거든요. 회사 이름이 '행아웃 하동'이에요. 줄여서 '행동'. 청년들이 하동에서 놀 수 있게 멋진 브랜드를 만들다 보면 친구들이 많이 생길 것 같아요.

경민님은 먼저 판을 열고 사람을 모으는 역할인 거네요.

경민: 제가 '카페 하동'에 오면서 하동이 좋다는 마음이 다시 든 것처럼 제가 예쁘고 멋진 브랜드를 계속 만들다 보면 사람들이 '하동에 있어도 괜찮겠는데?'라고 생각 들었으면 좋겠어요.

제가 한 번 해보겠습니다

참고가 되는 브랜드가 있었나요?

경민: 'oth.오티에이치콤마'라고 제가 옛날부터 좋아하던 유튜버인데, 숲이나 윤슬 사진으로 시폰 패브릭 포스터를 처음으로 론칭하신 분이에요. 그분의 브랜드도 좋아하고 패션 쪽에서도 좋아하는 브랜드가 많아요.

디자이너는 계속 홍보 채널에서 자신을 알리고 스펙을 쌓아가는 방식인 것 같더라고요. 홍보를 어떻게 하고 계세요? 경쟁자도 많잖아요.

경민: 요즘은 작업의 영역을 넓히려고 노력하고 있어요. 어떤 프로젝트가 있다는 이야기를 들으면 "제가 또 잘할 수 있거든요~" (웃음) 이렇게 얘기하고, 잘 못 하더라도 해봐요. 사업 계획서도 써보고 '걸리면 좋고 아니면 말고' 생각하면서 시도해요.

어떤 걸 시도하는 데 있어서, 또 지역에서 살아가는 것에 있어서 용기가 중요하다는 생각이 들어요. 특히 경민님은 다른 동기들과 다르게 독립해서 지역에서 프리랜서로 활동하시잖아요. 어떤 제안에도 '나 할 수 있다, 못 해도 괜찮다'라고 마음먹는 것도 쉬운 일이 아닐 테고요. 그 용기를 배우고 싶네요. 그런 점에 있어서 스스로 느끼는 장점이 있나요?

경민: 저는 디자인 작업하고 나면 주변에 다 물어봐요. "어때?", "이걸 보고 어떤 생각이 들어?", "어떤 느낌이야?" 이렇게 많이 물어보는 게 장점이에요. 누가 욕을 하든 좋은 이야길 하든 잘

받아요. 누가 나쁜 소리 해도 다음에 내가 그렇게 안 하면 되고, 맞는 말이라 생각되면 수용을 해요. 반대로 제가 완벽주의 성향이 조금 있어요. 보통 완벽주의자들은 사람들한테 자기 작업물 안 보여주거든요. 그걸 제가 대학생 때 고쳤어요. 여기엔 두 가지 마음이 공존하는데, 대학생 때는 제가 너무 완벽주의다 보니 야간작업을 제일 많이 했을 정도로 열심히 했어요. 그런데 어떤 선배가 "사람들은 네 생각보다 네가 한 걸 예뻐할 수 있어. 근데 그건 네가 안 보여주면 모르는 거야"라고 이야기해줬거든요. 그다음부터는 내 작업물이 마음에 들든 안 들든 일부러 보여주려고 여기저기에다 올렸어요.

처음에는 그걸 수용하기가 되게 어려웠을 것 같아요. 디자이너로서 받는 비판은 나에 대한 비판으로 들릴 수도 있잖아요. 내 자존심을 지켜가며 이 사람의 요구는 수용해야 하는 과정이 쉽지 않을 것 같아요.

경민: 그렇지만 그게 맞는 말이면 제가 고쳐야 하는 거예요. 거기서 기분 상해 있으면 나아지는 건 없잖아요. 다음 스텝으로 가는 게 더 중요하니까.

제가 한 번 해보겠습니다

마지막으로는 두 분이 사람들에게 주고 싶은 메시지를 묻고 싶어요. 다은
님께는 어떤 것을 하기를 주저하는 사람들에게 하고 싶은 이야기를 부탁드
릴게요.

다은: 음, Just do it! 나이키 광고네… 저는 뭐든지 하고 보
는 스타일이잖아요. 만약에 어떤 분이 퇴사 생각이 있다고 쳐요.
그 생각이 잠깐 들었다고 해도 그 생각이 들기까지 오랜 시간이 걸
렸다고 생각하거든요. 어떤 이유가 있으니까 그런 생각이 문득문
득 들었겠죠? '그만두기 전에 3년은 일해봐야 한다.' 이런 건 아닌
것 같아요. 분명 그 생각이 들었다면 이유가 있어요. 내가 아니다
싶으면 그만두는 게 맞는 것 같고, 반대로 내가 하고 싶은 게 있으
면 그게 뭐가 됐든 해봤으면 좋겠어요. 하고 싶은 걸 주위에 말하
고 다니다 보면 분명 도와주는 사람이 있고, 그 영향으로 알게 되
는 것도 많더라고요. 결국엔 하게 돼요. 나 혼자 하는 게 절대 아니
고요. 저스트 두 잇! 해보세요, 무조건.

경민님은 지역에서 살아가거나 살아가고 싶은 혹은 그런 생각을 못 하는
동료나 후배 디자이너들에게 해주고 싶은 이야기가 있나요?

경민: 우선 지역에서 어떤 디자인을 하고 싶은지 생각하는
게 가장 중요한 것 같고요. 서울에 있다고 더 잘 만들 거 아니고,
하동에 있다고 덜 잘 만들 거 아니잖아요. 어디에 있든 내가 할 일
을 하면 되는 것 같아요.

다은: 정말 장소나 사는 곳은 크게 중요하지 않은 것 같고, 내가 하고 싶은 일이 있는 게 더 중요한 것 같아요. 그걸 실행하기까지 사람마다 속도가 다른 건 있겠죠.

경민: 지역을 오히려 특별하게 생각하는 게 촌스러운 것 같아요. 지역에서 살더라도 원하는 걸 말하고 다니다 보면 도와줄 사람은 있는 것 같아요. 혼자 해결하려면 답이 없어요.

다은: 맞아요. 저는 스물다섯 살에 카페 열었잖아요.

'카페 하동'도 오래 남았으면 좋겠네요.

다은: 여기가 최장 10년까지 계약이 되거든요. 지금 3년 했으니까 앞으로 7년 더 할 수 있겠네요. 그땐 서른다섯 이겠다.

두 분의 10년 뒤가 너무 기대돼요. 어떤 모습이 되어 계실지... 내공이 엄청나게 쌓여 있을 것 같아요.

다은: 진짜 경민님은 아주 제대로 아찔(!)한 디자이너가 되어 있을 것 같아요. (웃음) 하동이 낳은 인물로 선정되겠죠.

경민: 핫 디자이너 걸이 되어볼게요. 핫 카페 사장 걸과 함께. (웃음)

유하

우리는 우리의 이야기를 멈추지 말기

"

저는 한 존재를
진심으로 지지해주고 응원해주는
돌봄의 에너지를 쓰고,
상대방은 자신의 존재가
지지받고 있음을 알게 되는
그 눈빛과 마음이 전해질 때
저는 짜릿함을 느껴요.

"

우리는 우리의 이야기를 멈추지 말기

유하(남원)

승현

'유하'는 별칭이죠? 어떻게 만든 별칭인지 궁금해요.

유하 2017년 가을에 인드라망공동체를 처음 알게 됐어요. 여기서는 많은 분이 별칭을 쓰고 있잖아요. 저는 어린아이 幼, 웃음소리 嚇라는 뜻으로 넣었어요. 처음 들었을 때 이름이 되게 예뻤고 아이들을 좋아하니까 '아이들의 웃음소리'라는 느낌으로 이름을 지어봤어요. 나중에는 흐를 流, 강 河의 '흐르는 강물'이라는 뜻도 겸해서 사용하고 있어요. 유하라는 이름을 처음 들은 건 고등학교 때 만난 스승님의 셋째 아들 이름이 유하였어요. (웃음) 내가 제일 마음에 들고 가장 나를 잘 표현한다고 생각하는 단어로 '유하'라고 쓰고 있어요.

유하님은 대학에서 불교를 전공했잖아요. 그 선택 과정이 궁금해요. 불교학과에선 어떤 걸 배우나요?

　　초등학교부터 대학교까지 제도권 교육과정 학교를 다녔어요. 고등학교 때 윤리와 사상 과목을 선택했는데 특히 불교 철학이나 노자, 장자 사상 같은 동양 철학 쪽 이야기가 재밌더라고요. 거기에 한 임금의 이야기가 나오는데, 임금이 숲을 거닐다가 너무 예쁜 새를 발견하고 데려다 키워요. 임금은 새에게 최고의 노력을 다해서 최고의 대접을 해주는데 새는 죽어버리는 거예요. 왜 그럴까, 그건 고유성의 죽음이다. 이런 이야기라든가, 어떤 것도 하지 않음으로써 하게 되는 '유일무이唯一無二' 얘기라든가, 연기법이나 모든 게 고통이라 하는 '일체개고一切皆苦' 같은 개념들이 재밌다고 생각했고 '이건 무슨 말일까?' 하고 궁금했던 것 같아요.

　　제가 수능을 두 번 봤는데, 재수하면서 혼자 공부할 때 집중이 자꾸 안 되는 거예요. 그때 친한 친구가 KBS《마음》이라는 6부작 다큐멘터리를 추천해줬어요. 명상이 과학적, 임상적으로 어떤 효과가 있고 병원에서 어떻게 치료목적으로 쓰이고 있는지 얘기해주는 내용이었어요. 불교는 동양에서 나온 전통인데 오히려 과학과 접목하면서 서양에서 더 많이 쓰이고 있다는 내용이 흥미로워서 이걸 한번 배워보고 싶다, 나중에 써먹을 때가 있을 것 같다고 생각했던 것 같아요. 우리나라에는 이런 공부를 하는 사람이 많지도 않았거든요. 또 마침 원했던 대학이 전액 장학금을 줘서 불교학과를 선택했는데, 가서 보니 생각했던 것보다는 별로 재미가 없더라고요.

대학에선 유하님이 관심 있는 부분만 배우는 게 아닐 테니까요. (웃음) 그럼에도 재미있었던 게 있었나요?

저는 심리치료나 명상 쪽에 관심이 있었어요. 고등학교 땐 직업 경험이 없다 보니 진로를 정하는 과정에서 심리 상담, 사범계열, 철학 분야 세 가지 정도를 놓고 고민했거든요. 그러다 불교학과를 선택했는데 하고 보니 재밌는 건 이 세 가지가 다 연결되는 것 같아요. 불교는 부처님에게서 나온 이론이자 학문이었고, 불교의 가르침 자체가 철학이자 심리치료의 면을 담고 있기도 하고요. 그래서 처음 대학교 들어갔을 때는 학문적으로만 공부해서 재미가 없었지만 갈수록 실제 삶에 연결되는 지점들이 생기면서 내용이 이해됐어요. 대학시절 동안 불교적인 가치관, 철학, 사고방식들을 다 받아들였던 것 같아요.

현실과 접목될 만한 이론은 어떤 것이 있었나요?

일단 꽂혔던 건 '모든 게 다 연결돼 있다'고 하는 '연기법'이에요. 그 당시엔 독립에 대한 생각이 많았거든요. 처음에는 독립을 부모님과 물리적으로 공간 분립을 하고, 혼자서 내 앞가림을 해나가는 것으로 생각했는데, 진정한 의미의 독립은 내가 결코 혼자가 아니라 모두 연결돼 있다는 것을 알고, 그 모든 인연들에게 감사하면서 내가 할 수 있는 몫을 그들과 함께 행하는 것이더라고요. 이런 것을 깨달으면서 삶이나 사람들에 대한 감사의 태도를 갖기 시작했어요. 이게 불교 공부하면서 가장 크게 배운 거예요. 부처님 말씀이 다 좋았던 것 같아요. (웃음)

이런 걸 두고 깨달았다고 하는 걸까요. (웃음) 시골에는 대학 졸업 이전에 오셨죠?

대학 졸업을 한 학기 남긴 상태에서 휴학을 한 번 했다가 내려와서 있었어요. 마지막 학기는 취업계로 마무리했고요. 작년 9월부터 '실상사 작은학교'에서 교사 활동을 했고, 올해 2월에 대학교 졸업장이 왔어요. 코로나로 저에게는 혜택이 있었죠. (웃음)

이곳 산내면에서 살아야겠다는 마음은 어떻게 정했어요?

불교학과에서의 배움이 재밌고 저에게 잘 맞는다고 생각했어요. 그래서 졸업한 이후에도 불교적 가치를 가져가고 싶었고, 동시에 선생님이 되고 싶다는 꿈이 오래전부터 있었어요. 대학교 다니면서부터 지금까지 열다섯 번 정도 어린이 캠프를 했는데, 그때마다 저는 아이들을 만나는 걸 좋아하고 선생님이 되고 싶다는 걸 확인했거든요. 그래서 군 제대 이후에 교대 편입, 사범대 편입, 교육대학원 진학을 놓고 고민하던 차에 한 보살님이 제도권 교육계

우리는 우리의 이야기를 멈추지 않기

로 가지 않더라도 선생님이 될 수 있다고 하신 말씀에 영감을 받았어요. 그러고서 산내를 소개받은 거죠. 자연스럽게 '실상사 작은학교'를 처음 봤는데, 불교와 교육이 같이 갈 수 있을 것 같은 분위기가 느껴졌어요. 여긴 대안학교라서 그런지 제가 머릿속으로 연하게나마 그리던 교육 스타일 같아서 좋았고, 작은학교의 대표 교사와 이야길 했는데 그분의 눈빛이 살아 있다고 느꼈어요. 그 강렬한 첫인상에 내가 여기 올 수도 있겠다고 생각했어요.

어린이 캠프의 영향이 컸나 보네요.

'실상사 작은학교'에서 진행한 계절학교가 있었어요. 2018년 1월쯤이었던 것 같은데, 여기만큼 아이들과 밀도 있게 교류하고 상호작용하는 어린이 캠프는 또 없었거든요. 그만큼 강도가 세기도 했어요. 예를 들면 어린이 캠프가 끝나면 자원봉사했던 길잡이 선생님들이 다음 날 저녁까지 밤새 아이들에게 손 편지를 써줬어요. 돌이켜보면 아이들과 만나는 순간순간 허투루 넘어가지 않고, 계속 이야기 나누고 마음을 나누는 과정들이 있었어요. 그런 만남이 진하게 다가왔어요. 그렇지만 제가 당장 선생님이 되기에는 아직 조금 더 시간이 필요하다고 느껴지더라고요. 스스로 부족함을 채우고 더 배운 뒤에 준비가 된 상태에서 오고 싶었어요.

선생님이라는 직업을 생각하면 저는 겁부터 나요. '내가 뭘 알려줄 수 있을까?', '내가 좋은 에너지를 줄 수 있을까?' 하는 생각이 먼저 떠오르거든요. (웃음) 유하님이 느끼는 선생님은 어떤 역할인가요?

저도 그런 생각이 있었기 때문에 바로 선생님을 시작하지 않고 뜸 들이는 과정이 2년 정도 있었던 것 같아요. 그래도 해보겠다고 마음먹었던 건 어렵게 생각한 게 아니라 단순히 '재미있겠다' 생각해서였어요. 내가 이 일을 좋아한다는 마음을 믿고 시작했어요. 휴학하고 6개월간 자원 교사했던 때가 인생에서 제일 재밌고 즐거웠어요. 아침에 눈을 뜨면 설레고 밤에 눈을 감으면 뿌듯한 노곤함으로 하루를 마무리했어요.

충만한 하루였겠어요. 하루가 만족스러웠기 때문에 그런 생각이 들 수 있었던 것 같아요.

그렇죠. 그런 시간을 1년 정도를 보냈던 것 같아요. 그러면서 나는 선생님을 잘하는구나, 잘 맞구나 느꼈고요. 놀라운 건 올해는 완전히 반대로 달라졌어요. (웃음) 이거 난 못한다, 이걸 어떻게 해야 하지, 계속 이어나가 보자, 이런 생각의 반복이었어요.

그 사이에 무슨 일이 있었나요? (웃음) 어떤 게 달라졌어요?

일단 정식 교사가 되면서 담임선생님을 맡게 됐는데, 저는 의욕이 많았고 잘해보고 싶은 마음에 계획서를 써서 학생들에게 이런저런 제안을 많이 했어요. 그런데 애들 반응이 완전 별로더라고요. 반발도 있었고요. 그 친구들이 바랐던 교육은 그게 아니었던 거예요. '이걸 같이 하자!'가 아니라 '왜 이것을 해야 하는지', '이게 도대체 뭔지'부터 시작을 했던 거예요. 제가 가진 열정과 의욕으로 그들을 이끌어 보려고 힘을 썼던 것 같아요. 그러니 학생들에게 연결이 잘 안 됐고요. 그 과정에서 힘들어하다가 다 내려놨죠. 제 계획과 제안을 내려놓고 처음부터 다시 얘기하자고 했어요. 학생들이 뾰족한 수가 있어서 안 하고 싶다고 한 게 아니거든요. 자기들도 해보고 싶지만 어떻게 해야 할지 방법을 모르겠는 거죠. 학기 초반엔 그 침묵, 막막함, 답답함이 있었어요. 단순히 제도권 학교였으면 수업만 하고 집에 가서 내일을 준비하면 되는데, 여기서는 애들을 삶으로 만나야 하고 개인적 삶과 공적인 삶의 경계가 많이 흐린 편이에요. 그러니 제 삶의 전반에서 학생들을 만나게 되고 그건 학생들도 마찬가지예요. 수업에서 딱! 멋있는 모습만 보여줄 수 있는 게 아니라 여러 못난 모습까지도 나타나게 되는 것을 그대로 받아들이기가 쉽지 않았어요.

정제되지 않은 자기 모습을 보여주는 건 정말 힘든 일일 것 같아요. 학생들이 유하님에게 상담 요청도 하나요? 어떤 방식으로 진행돼요?

아이들과의 상담은 시험 성적이나 공부 문제가 아니라 사람들과의 관계를 주제로 시작돼요. 자기의 문제 있잖아요. 자기의 과

제, 자기의 트라우마가 관계에서 복합적으로 일어나죠. 자신을 온전히 받아들였을 때 비로소 학생들을 온 존재로 만날 수 있는 공간이 '실상사 작은학교' 같아요.

가지고 있는 에너지를 모두 학생들에게 쏟을 수밖에 없겠네요. 아이들에게 제안했던 수업은 어떤 거였나요?

4학년 과정 중에 1년 일정의 '세계 시민 프로젝트'를 진행해요. 원래는 해외여행을 가서 해외 공동체를 탐방하는 게 보통의 과정이에요. 어디로 갈지 정하고 비행기 예약한 뒤에 출발 전까지 그 나라의 언어라든가 문화를 공부하면 딱 알맞았죠. 그런데 코로나 19 때문에 이 일정이 취소되고 시간이 비어 버린 거예요. '세계 시민 프로젝트'라는 이름만 남은 거죠. 그럼 이걸 어떻게 공부할 거냐 고민하면서 국내, 외국인 친구 할 것 없이 조언을 구해서 계획한 것이 한 다큐멘터리를 번역하는 프로젝트였어요. 전 세계 다양한 인종, 다양한 나라 사람들이 나와서 사랑과 일에 대해 이야기하는 내용이었어요. 한국에 있는 외국인 친구를 초대하거나 그들을 만나러 가는 것도 생각했고요. 그런 제안이 원점으로 돌아가게 됐고 다시 학생들과 회의하면서 정한 건 비거니즘과 동물권, 기후 위기와 환경, 전체주의와 민주주의, 공교육과 대안 교육, 자본주의 같은 소주제를 정해서 같이 공부해보기로 했죠.

우리는 우리의 이야기를 멈추지 말기

주제들이 정말 좋은데요. 실제 공부하면서는 어땠나요?

아이들의 만족도는 되게 높았어요. 성취감도 느끼고 공부도 했다는 뿌듯함, 아이들이 발표하는 걸 들으면서 아이들의 성장이 눈에 확 띄었어요. 처음 봤을 때와 현재 모습을 겹쳐보면 그들이 한 뼘 성장한 게 실감 났어요. 이 모든 과정을 같이 하느라 힘들었지만, 같이 배우고 성장한 학생들에게 고마움이 가장 컸어요. 제가 맡았던 첫 학생들을 평생 잊지 못할 거예요.

교육계에 종사하시는 어떤 분은 아이들이 눈에 보일 만큼 성장해 나가는 모습을 지켜보는 걸 '중독'으로 표현하시더라고요. 유하님의 말을 들으니 실제 현장에서 그 달콤한 중독성을 맛보기까지의 노력이 보이네요. 선생님이라는 존재가 더 대단해 보이고요. 유하님은 학생들과 눈뜰 때부터 잠들 때까지 종일 같이 보내잖아요. 어떤 마음으로 함께 하나요?

일단 저는 아침 7시 반에 일어나서 저녁 8시까지는 학교와 '작은가정'에서 시간을 보내고, 밤 9시쯤부터 11시 반까지 제 개인 시간이에요. 기본적으로 생활을 같이한다는 것 자체가 에너지가 드는 일인 것 같긴 해요. 잠깐, 생각해볼게요.

누군가와 함께 사는 게 정말 어렵잖아요. 천천히 생각하셔도 됩니다.

'실상사 작은학교'에서는 교사와 학생들이 '작은가정'이라는 이름의 공동숙소에서 함께 지내요. 그런데 제가 머물던 '작은가정'

은 안 쓴 지 꽤 오래된 기숙사여서 공간을 꾸미고 가구를 새로 배치하는 데 에너지를 많이 썼었어요. 저는 살림살이에 신경 쓰는 것보다 아이들이랑 만나서 얘기 나누거나 상담해줄 때가 훨씬 좋거든요. 오히려 그런 순간들에 힘을 또 받기도 해요. 그래서 재밌게 지냈던 것 같고, 이런 생활을 같이하면 확실히 식구 같은 느낌이 들어요. 같이 사는 연습을 하는 느낌이랄까… 그런 게 있어요.

혼자 보내는 시간이 그립지 않아요?

개인 시간에는 노래 듣거나 쉬거나 잠을 잤던 것 같은데, 지난 1학기에는 개인 시간이 없어도 크게 불편하지 않았어요. 개인 시간 없이 학생들과 시간 보내도 괜찮은 사람이었던 것 같아요. 그런데 지난 학기 끝나면서 제가 만나는 사람이 생겼고, 그때부터 사적인 시공간이 굉장히 저에게 중요해진 거예요. (웃음) 그래서 일과 사랑의 균형을 잡으면서 살려고 해요.

좋아하는 일과 사랑. 다 얻으셨네요.

일과 사랑을 가늠해봤을 때 사랑이 51이고 일이 49예요. 둘 다 놓치고 싶진 않으니 차라리 하루하루 밀도 있는 생활을 선택하고 싶어요. 비유하자면, 저는 확실히 '개'의 성향이에요. 무슨 말이냐면, 개는 혼자 있는 것보다도 충성할 만한 대상이 있을 때 행복을 느끼고 그에게 충성함으로써 자기의 존재를 인식하는 면이 있

단 말이죠. 다른 사람과의 관계에서나 소속된 곳에서도 마찬가지
예요. 자기가 좋아하는 사람 혹은 집단이 주는 소속감이 중요하고
저에게 그런 측면이 많다는 걸 인지하고 있어요. (웃음) 그 안에서
정체성을 찾기 때문에 혼자 있는 시간이 필요하지는 않아요.

**결국, 유하님의 개인적인 성향부터 아이들을 좋아하는 것까지 선생님이라
는 직업으로 수렴되는 것 같아요.**

사실 막 초등학교를 졸업한 중학교 1학년 아이가 집에서 나
와서 자신의 또래, 언니, 오빠, 형, 누나들과 같이 살면서 학교 다
닌다는 것 자체가 쉽지 않은 도전이죠. 자립을 해나가는 그 과정이
서툴기도 하고 힘들기도 하지만 또 재밌기도 하거든요. 저도 아이
들의 복합적인 성장 과정에 함께할 때 재미를 느껴요.

그리고 조금 더 들어가면, 이 친구의 존재와 제 존재가 온전
히 만나는 그 순간, 서로가 서로의 존재를 확 느낄 때가 있어요. 저
는 한 존재를 정말 진심으로 지지해주고 응원해주는 돌봄의 에너
지를 쓰고, 상대방은 자신의 존재가 지지받고 있음을 알게 되면서
자존감에 좋은 영향을 미치는 거예요. 그 눈빛과 마음이 전해질 때
저는 짜릿함을 느껴요. 제 존재 이유와 존재에 대한 긍정적인 확인
과정을 통해서 에너지가 충전되는 면이 있어요.

유하님이 아이들과 깊게 교감했던 그 경험을 성인들 사이에선 할 수 없을까요? 그 교감이 왜 성인 관계에서는 잘 안 될까요?

　　재밌네요. (웃음) 질문이 핵심적이다. 음… 나이가 어릴수록 뇌가 더 말랑말랑한 것 같아요. 받아들이고 느끼는 것들이 더 진실되고 진정성 있다고 해야 할까요. 제 경우엔 똑같이 진심으로 만나고 대했을 때 나이 많은 사람들보다는 나이가 적은 사람에게 진심이 더 잘 가닿는 때가 많아요.

　　저는 올바른 가치관과 관점이 행복한 삶을 사는데 매우 중요한 조건이라고 보는데요. 불교적으로 말하면 '정견正見'이 수행의 첫 번째이거든요. 올바른 관점과 지혜를 만들기엔 학생 때가 가장 유연하고 자유롭다고 생각해요. 물론 성인들을 만났을 때도 좋은 소통이 가능하지만, 보통 저는 저이고 그는 그 사람인 채로 끝나죠. 반면에 선생님으로서 학생들과 교감하는 순간에서는 존재의 만남으로 역동이 일어나요. 마치 병아리가 알에서 깨어날 때 알의 안팎에서 동시에 같은 곳을 쪼아야 알을 깨고 나올 수 있는 것과 비슷하죠. 그런 마주함을 통해 비로소 자기 안의 알을 깨고 세상으로 나오게 되는 것 같아요.

'실상사 작은학교'는 대안학교잖아요. 선생님을 하면서 느끼는 제도권의
정규 교육과정과 큰 차이가 있다면 어떤 부분일까요?

　　　여기서는 배움과 삶의 경계가 없이 두 가지가 같이 간다는
것. 그래서 학교라는 게 수업 끝난다고 학교가 아닌 게 아니라 잠
들 때까지 계속 배움의 장이 이어져요. 보기 싫다고 해서 안 만날
수 있는 상황도 아니니 관계나 배움에 대해 계속 고민할 수밖에 없
어요. 또 계속해서 자기를 표현하고 설명하는 자리가 있어서 자기
를 돌아보는 시간이 필요해요. 아이들이 혼자서 고민하는 게 어려
울 때는 공동체의 힘으로 선배들의 조언이나 주변에 좋은 어른들
의 이야기를 공부로 삼아가면서 삶의 기술을 배우는 것 같아요.
작은학교에서 지내면 학생이 그것을 인지하든 아니든 자립에 대
해 생각하고 고민할 수밖에 없어요. 그리고 그 기준은 선생님한테
도 적용되기 때문에 공과 사 구분이 별로 없죠. 교사와 학생, 학생
과 학생의 위계도 옅은 편이고요. 일반적인 사회 기준으로 봤을 때
는 이해가 안 될 것들이 많아요. 그래서 바로 그 지점에 우리 교사
들의 헌신이 필요하다고 얘기할 수 있을 것 같아요. 우리가 가지고
있는 기준은 공동체의 한 일원으로서, 식구로서 함께 살아간다는
그 의미가 가장 커요.

유아기 아이들과 청소년기의 학생들을 대할 때 많이 다른가요?

다르죠. 저는 돌봄의 에너지가 많아서 그것을 표출하는 것이 저에게 좋은 방식인 것 같아요. 그래서 초등학생이나 유아기 아이들을 만나는 것이 잘 맞는다고 느껴요. 오히려 어떤 면에서는 사춘기 친구들이 더 다가가기 어려운 면이 있어요. 아동기의 친구들은 반응이 솔직하고 재밌게 나오기 때문에 저도 솔직하고 재밌게, 가볍게 나오는 편이죠. 장난도 많이 치고요. 제가 아이들과 스킨십하는 걸 좋아해서 아이들이 먼저 달려와서 안길 때 기뻐요. 사랑을 주고받는 느낌이라서요.

청소년기에 접어들면 스킨십 같은 부분은 확실히 줄어들죠. 각자의 경계가 생기고 그 친구의 의견 존중을 하는 면이 훨씬 더 크고 저도 조심스럽게 말하게 돼요. 제가 권위적인 편이 아니라서 학생들이 편하게 생각하는 면이 있어요. 근데 저에게 반발하거나 반대 의견을 제시할 때는 제가 거절 받는 기분이 들어서 힘들더라고요. 하지만 보통 학생 의견을 지지해주는 편이에요. 학생들이 자기중심을 잡아가는 데 스스로 목소리를 내는 것이 더 좋다고 생각해서요. 아이들의 연령대나 성장 과정에 따라서 대하는 방식도 조금씩 달라지고, 그 아이가 가진 성향이나 성격도 모두 달라서 그에 맞춰서 어떤 방식으로 접근하면 좋을지 꾸준히 고민하면서 사는 것 같아요.

우리는 우리의 이야기를 멈추지 않기

'실상사 작은학교' 교사들은 회의를 많이 하기로 유명하죠. 모임이나 공부도 많을 것 같아요.

　　　　일단 회의에서 학교에 관련된 모든 이야기를 나눠요. 일곱 명의 선생님들이 학교의 하나부터 열까지 이야기 나눈다는 게 재밌기도 해요, 멀리서 보면요. (웃음) 우리가 도출한 회의 결과로 학교가 바뀌기도 하니 직접 운영하는 느낌이 들어서 재밌지만, 또 그만큼 신경 쓸 게 많고 일 처리할 게 많아요. 아이들 만나서 소통하거나 교감하고 싶어도 해야 하는 업무가 많으니까 지칠 때가 있어요. 그건 어쩔 수 없는 것 같아요.

　　　　그래도 교사회 분위기가 매우 민주적이라고 생각해요. 나이나 경력에 상관없이 선생님들 간에 의견을 자유롭게 내고 평등하게 받아들여지는 편이에요. 우리가 어디에 합의를 두고 있는지, 가치관이나 교육관의 큰 틀이 잘 맞기 때문인 것 같아요. 선생님들과 쌓아온 두터운 신뢰가 있고 서로 협력하는 분위기라서 회의가 싫거나 어렵다고 느끼지는 않아요.

소임을 분야별로 나누면 좋을 것 같은데 누군가 행정업무만 처리하기에는 교사의 역할도 겸해야 하니 어려움이 있을 것 같아요.

　　　　작은학교 교사의 소임 배분 표를 보면 한 사람이 정말 많은 분야의 소임을 전담하고 있다는 것을 볼 수 있어요. 그래서 예전에 한 번은 학교에서 행정업무만 담당하는 선생님을 두는 시도를 해봤는데 잘 안 됐나 봐요. 선생님들이 학생들 만나고 교육을 하고 싶어서 오시지, 사무나 행정 일하려고 오는 사람은 없으니까 만족도가 낮았던 거죠.

특히 대안학교 쪽은 노동시간이 긴 편인데, 사회 기준으로 비교하게 되면 급여가 턱없이 낮은 부분이 있어요. 생활비나 데이트비를 제외하고 나면 현실적으로 집을 장만하거나 차를 살만한 돈을 모으기가 쉽지 않죠. 동시에 작은학교를 비롯한 많은 대안학교가 선생님이 부족해서 근근이 살아가고 있어요. 자본주의 사회의 관점에서는 열악한 근무환경이죠.

그래서 이런 조건에서 계속 일하겠다고 결정할 때는 제가 스스로 정한 기준이 있어야 한다고 생각했어요. 왜냐하면 그렇지 않았을 때 세상이 만들어 놓은 기준에 자꾸 흔들리더라고요. 그래서 제가 정한 기준은 두 가지가 있어요. 첫 번째로 돈, 사회적 시선, 워라벨, 스펙 같은 사회적 기준보다도 내가 정말 하고 싶은 일을 해볼 시간을 최소한 3년 정도는 갖고 싶어요. 두 번째로는 인생의 부富에는 경제적인 부 말고도 자연·환경적인 부, 사회·관계적인 부, 정신적·영적인 부, 그리고 육체·건강적 부처럼 내가 여기서 누릴 수 있는 부가 많다는 거였어요.

다행히 학교에는 교사와 양육자가 꾸준히 공부하는 문화가 있어요. 학교 철학에 관련된 책을 함께 읽거나 특강을 같이 하고, 공동의 교육관과 가치관을 만들어 나가는 노력을 꾸준히 하고 있어요. 그런 문화에서 저도 기꺼이 벗이 되어 함께 배우는 사람으로 살아가고 있어요.

유하님은 대안적인 삶의 방식을 밟고 있는데 그렇게 할 수 있는 원동력은 어디서 나오는 것 같아요?

제 인생에서 제일 결정적인 순간이 있다면 고등학교 1학년 때 국어 선생님의 시 수업을 듣게 된 순간이었을 거예요. 그때 그 선생님이 수업하면서 "서울에서 부산까지 가는 가장 빠른 방법이 뭔지 알아요?"라고 했는데 누구는 "비행기 타고 가는 거요"하고 저는 "서울에 있으면서 부산에 있다고 생각하면서 지내는 거요" 이런 식으로 얘기했거든요. 승현님은 어떻게 대답했을 것 같아요?

제 대답도 '부산에 있는 사람을 생각한다' 정도일 것 같아요.

선생님은 "사랑하는 사람이랑 같이 가는 것이 가장 빠르다"라고 말씀하셨어요. 또 "우리는 계속 우리의 이야기를 하자. 저마다의 모습과 색깔로 이 세상에 계속해서 목소리를 내는 것이 우리의 몫이다. 누군가 한 명이라도 그 얘기를 들어주면 그건 정말 기적적인 일이겠지만, 아무도 들어주지 않더라도 우리는 계속 우리의 목소리를 세상에 내면 된다.", "아무나 성공할 수 있는 건 아니지만 누구나 아름다운 마무리를 통해 승리할 수는 있지." 이런 얘기들을 자주 해주셨어요.

고등학교 1학년 수업 때 이런 말을 들으면서 온 세포에 반응이 왔어요. 비유가 아니라 실제 그런 느낌이 있었어요. (웃음) 그렇게 내 감수성을 흔들고 자극해준 그 선생님이 너무 멋있었어요. 말하고 생각하는 것도 멋있지만 옷도 잘 입으셨고 잘생기기도 하셨거든요. 또 선생님이 사랑에 대해서, 관계에 대해서, 우정에 대해서 얘기하신 것들이 있었는데 그런 걸 들으면서 꿈틀꿈틀 댔던 것 같아요. 닮고 싶고 동경하는 마음도 생겼던 것 같고요. 그리고 내가 아는 누구보다, 그게 학생의 눈에도 보일 만큼 정말 열심히 사셨어요. 약속은 꼭 지키셨고요.

또 가장 좋은 선생님은 맛있는 거 사주는 선생님이 아니라 '학생 기록부에 그 학생에 가장 알맞은 내용을 적어줄 수 있는 선생님'이라는 얘기를 하신 적이 있었어요. 실제로 그 선생님은 학생 개개인이 풍기는 분위기, 성향, 색깔을 관찰하시고 그걸 말로 알려주시기도 했어요. 또 수업 시간에 저를 염두에 두고 하는 듯한 말을 해주신 적도 있었는데, 본능적으로 이건 나한테 하는 말이라고 느꼈거든요. 일대일로 만나지 않더라도 교감이 되는 특별한 느낌이 있었던 것 같아요. 고등학교 때 그런 과정이 있었기 때문에 자본주의, 경쟁 입시 구조에서 열심히 공부하면서도 삶에 대해 고민하기 시작했던 것 같아요. 우정도 쌓아나가고, 사랑도 해보면서 과거에 선생님이 하셨던 말씀이 숙성되고 소화가 되더라고요. 그러면서 여기까지 온 것 같아요.

유하님도 유하님이 말했던 '온 존재로 만나는 경험'을 일찍이 했었네요. 그런 선생님을 만났던 건 운적인 요소도 크게 작용했을 것 같아요.

　　　　맞아요. 정말 운이 좋았어요. 제가 사람 복이 많은 거 같아요. 그 이후로도 여러 스승님을 만났어요. 근데 돌이켜보면 제 국어 은사님 수업을 듣는 서른 명 중에 스물다섯 명은 잤고, 다섯 명은 들었고, 그중에 한두 명은 눈이 반짝반짝해져서 그 선생님을 졸졸 따라다닌 애들이 있었죠. 그런 말씀을 듣고 가져가는 건 각자의 몫이었던 것 같아요.

저는 국가 교육체계와 사회 분위기가 정규 교육과정만 지원하다 보니 자의와 관계없이 학교에 얽매여 있어야 하는 10대들이 안타깝게 느껴질 때도 있어요. 수능을 위해서 12년간 제도권 교육과정을 달려오는 친구들이 있잖아요. 그들에게 유하님은 어떤 이야기를 해주고 싶은가요?

　　　　생각을 좀 해도 되죠? 음… 인생에서 제일 중요한 게 뭘까, 그 고민을 잃어버리지 않고 살았으면 좋겠어요. 그리고 자기 자신을 사랑해줬으면 좋겠어요. 자기 자신을 있는 모습 그대로, 좋은 면도 있겠지만 자기 그림자와도 같이 손잡고 걸어갈 수 있는 사람이 되면 좋겠어요. 아름다움만 긍정하지 말고 추함과 더러움처럼 부정적인 자아도 자기연민의 따스함으로 감싸 안기를 바라요.

그렇다면 지금 만나고 있는 '실상사 작은학교' 친구들은 어떤 빛깔의 사람
이 됐으면 좋겠어요?

　　　　제가 생각하는 가장 이상적인 인간은 '보살'이거든요. 보살
의 기본 전제가 자기 자신부터 지혜롭고 자유롭고 행복한 사람이
죠. 자비와 연민심도 있고요. 자기 자신을 사랑하기 때문에 다른
사람도 사랑할 수 있고, 다른 존재의 고통에도 귀 기울일 수 있고,
그것에 연민을 품을 수도 있죠. 살아가면서 자기가 할 수 있는 가
장 지혜롭고 자비로운 방법으로 세상에 자신의 역할과 몫을 할 수
있으면 좋겠다고 상상해요. 재밌는 건 작은학교에 그런 친구들이
꽤 있다고 느껴져요. 그럴 때 이 친구는 같은 길을 가고 있는 동료,
도반 같은 느낌이 들어요. 그런 친구들이 있다고 느끼는 순간이나
그 친구의 말과 행동을 통해서 느껴지는 분위기에서 힘을 많이 받
아요. '아, 고맙다' 이런 마음이 느껴져요.

자신에게 주어진 몫이라는 건 무엇을 의미해요? 어떻게 알 수 있나요?

　　　　이 세상에 어떤 생명도 빠짐없이 태어났을 때부터 죽을 때까
지 도움을 받고 살아요. 누군가의 사랑과 도움, 헌신 없이는 지금
의 자신으로 존재할 수 없기 때문에 받아온 삶의 은혜들을 다시 세
상에 갚는 것이 자신에게 주어진 몫이라고 생각해요. 그걸 깨닫는
만큼, 그리고 갚을 수 있을 만큼 세상에서 자기 몫을 확인하겠죠.
자신에게 주어진 몫을 자신이 가장 좋아하고 잘 할 수 있는 것으로

하면 가장 이상적이죠. 만약 돌봄의 영역에 자신이 있다면, 유치원 선생님이나 가정주부처럼 자기가 가장 빛날 수 있는 일을 하면서, 아이들에게 사랑을 듬뿍 주는 일에 자긍심을 느끼면서 사는 것이 이 세상에서 자신에게 주어진 몫을 훌륭하게 이행하는 것이라고 생각해요.

유하님의 큰 용기와 사랑을 응원하게 되네요. 마지막으로, 유하님은 어떤 삶을 살고 싶나요?

저도 보살이 되고 싶고, 선생님으로 계속 살고 싶다는 꿈이 있어요. 아이들과 학생들을 계속 만나고 싶다. 그리고 사랑을 잃지 않으며 살고 싶다고 생각해요. 이야기 들어주셔서 감사드려요.

오라,
맞이 한다
날 꾸던 힘으로
꿈 꾸던 가슴으로
더듬어 갈 길

김다송

자연을 보다 깨끗하게, 동물들과 함께

"

개인적인 제 꿈은
숲속에 비건 마을을 만드는 거예요.
대부분의 도시문제는
시골에 답이 있다고 생각해요.
귀촌도 생각보다 장점이 많고
진짜 재밌거든요.

"

자연을 보다 깨끗하게, 동물들과 함께

김다솜(함양)

승현
처음 '도하베이커리'를 만났을 때 반가워서 친구들에게 바로 소문냈어요.

함양에 비건 빵집 생겼다고요.

김다솜 저번에 산내에서 봤던 분이 오셨는데. 여기 안 오면 산내에
서 찌질이 된다고. (웃음) 자기 찌질이 되기 싫어서 왔다는 분이 한
분 있었어요. (웃음) 자기 친구들 다 갔는데 나만 못 갔다고.

아니, 왠지 아는 사람 같은데요? (웃음) 비건에는 원래 관심 있었나요?

비건에 관해서는 관심은 쭉 가지고 있었어요. 비건 친구들도
있고요. 사회적으로도 관련된 이야기도 자주 듣게 되니까요. 외면
해서는 안 되는 문제다. 이런 생각이 들더라고요. 관심을 가지고
지켜보고 있는데, 어느 날 친구가 "야, 이 빵 먹어봐"라면서 비건

빵을 줬는데 너무 맛있는 거예요. 비건 빵이어서 맛있는 게 아니고 그냥 맛있었어요. 그래서 이걸 만들어야겠다고 생각했어요. 저는 솔직히 맛있어서 하게 된 거죠. 개인적으로는 풀 비건은 아니고, 덩어리 고기를 먹지 않고 비건을 지향하는 정도로 실천하고 있는데 차차 풀 비건을 향해서 갈 계획입니다. 그런데 사실 어려워요. 멸치 육수 이런 것도 있고.

여기서 판매하는 비건 마요네즈도 정말 맛있게 먹었어요. 깨 향도 너무 좋았고요. 견과류를 넣고 복잡한 과정을 거쳐서 만든다고요?

비건 마요네즈랑 조청을 만들고 있는데, 비건 빵이 담백한 편이다 보니까 달달한 것 좋아하시는 분들도 내 빵을 좋아할 수 있게 하려면 뭐가 있을까 고민하다가 소스류를 개발했어요. 빵은 연구를 계속해야 레시피를 개발할 수 있는데 조청 같은 소스류는 식재료를 바꾸면 맛도 쉽게 바꿀 수 있잖아요. 그래서 다양한 재료로 만들어봤어요. 계절 빵을 하는 곳이 많지 않다 보니 손님들도 신기해하세요.

'도하베이커리'는 올해2021년 시작하셨죠? 어떻게 함양 산골에서 빵을 만드실 생각을 했어요?

함양에 내려온 지는 8~9개월 됐어요. 원래 부산에서 빵을 계속 만들었는데, 코로나도 그렇고 더 이상 도시에서 못 살 것 같은

자연을 보다 깨끗하게, 동물들과 함께

느낌이 들었어요. 어머니가 3년 전에 귀촌하시고 오빠가 2년 전에 귀촌해서 가족들이 다 여기 있었거든요. 그래서 저도 자연스럽게 여기 와서 살아볼까 하는 생각이 들면서 오게 됐는데, 부모님이 이사 오시기 전에 전 주인분께서 여기 빵 공장을 만들어 두신 거예요. 우연히, 진짜 우연히요.

그리고 시골 내려와서 마냥 놀 수는 없으니까 내가 제일 잘할 수 있고 여기서 할 수 있는 게 뭘까, 또 함양이라는 지역색을 살려서 청년이 할 수 있는 가장 좋은 일이 뭘까 이런 생각을 하다가여기서 비대면 방식으로 빵집을 하면 어떨까 생각했죠. 저는 택배를 주로 하니까요. 또 비건 빵이 요즘 사람들의 관심사에도 맞다보니 자연스럽게 하게 됐어요. 그런데 요즘은 일이 좀 커졌어요. (웃음)

도시에 있을 때도 빵을 만드셨던 거예요?

내려오기 전에는 빵도 만들고, 카페 매니저로 일했어요. 아무래도 요식업 쪽이고 손님을 응대하는 일이 큰일이잖아요. 제빵도 그렇고요. 카페 전부가 코로나 때문에 전반적으로 손님이 줄기도 하고, 대면 판매하는 게 좀 부담스럽더라고요. 그리고 어머니가 기저질환이 있으시거든요. 그래서 코로나가 성행하는 게 너무 무서웠어요.

비대면 빵집이다 보니 코로나 걱정은 어느 정도 해소됐겠네요. 시골이라
좋은 부분도 있을 거고요.

맞아요. 코로나 걱정도 덜 하게 되고. 또 베이커리 입장에서
는 시골에 있는 게 생산자를 알 수 있고, 직거래로 좋은 식재료를
가장 신선하게 공급받을 수 있잖아요. 여기가 청정지역이라서 빵
만드는데 큰 장점이 돼요. 재료 가격도 합리적으로 받아올 수 있어
서 저도 좋고 소비자들도 안심하고 드실 수 있으니까, 서로 윈윈인
것 같아요. 또 지역 상권이니까 도시보다는 경쟁이 훨씬 덜하고 조
금만 열심히 하면 금방 입소문이 나는 것도 좋은 장점이에요.

단점은 아무래도 저희 베이커리가 산에 위치해 있어서 접근
성이 좀 떨어지는 점이에요. 이건 장점도 되긴 하는데, 덕분에 예
약제로 운영하다 보니 재고 면에서 로스가 없는 장점이 있고요. 다
만, 예약 없이 오신 손님이 빈손으로 돌아가는 경우도 꽤 있어서
마음이 안 좋을 때도 있어요. 그래도 오프라인으로 오시는 손님 대
부분이 함양 여행하시는 마음으로 여기까지 찾아와주셔서 정말 다
행이에요. 직접 오시는 분들에겐 잘해드리고 싶어서 커피라도 한
잔 더 대접해드리고 있어요.

어릴 때 빵 만드는 게 꿈이셨어요?

아니요. 저는 공대 나와서 공부만 열심히 하면 될 줄 알았는
데 그게 아니더라고요. 취업해야 하는 시기가 왔는데 정말 너무 하

기 싫었어요. 제 전공이 가만히 앉아서 뭔가를 들여다보고 연구하는 전공이었는데 저랑 적성이 너무 안 맞더라고요. 그래서 이건 도저히 못 하겠다. 돈을 떠나서 나는 내가 하고 싶은 걸 해야겠다 하다가 빵을 만나게 됐죠. 근데 후회는 안 해요. 대기업 다니는 친구들이 부럽긴 하지만 또 장단점이 있으니까요.

대기업이 돈을 많이 주는 데는 다 이유가 있다잖아요. 다솜님이 대기업에 갔다면 어땠을 것 같나요? (웃음)

회사에 갔더라도 저는 조용히 제 일에 최선을 다했을 것 같아요. 근데 또 해보고 싶은 게 생겨서 그 계획에 확신이 들면 퇴사하지 않을까 싶어요. (웃음) 그게 빵집이 아닐지라도 더 재밌고 가치 있는 일에 관심이 있었을 것 같아요.

도시가 힘든 부분이 있지만, '시골에 정말 살아야겠다!'하고 마음먹은 계기가 있어요?

제가 올해 서른이거든요. 서른을 기념해서 인생을 한번 바꿔보자, 한 번 정도는 결심하고 뭔가를 바꿔야겠다. 이런 생각이 컸던 것 같아요. 사람들은 "너 여기서 이렇게 살면 결혼은 언제 할 거야?", "나가서 친구들이랑 술 먹고 놀아야지, 여기 있으면 어떻게 할 거냐" 다들 그렇게 물어보시더라고요. 그런데 저는 그런 생각이 0.1도 안 들어요. 지금은 여기 생활이 너무 만족스럽고 가족들이랑 같이 있으니까 덜 외롭기도 하고요. 제 친구들도 몇 달에 한 번씩 오고 저도 친구들 보러 가니까 괜찮아요.

저도 시골은 자신의 행복을 위해 얼마든지 선택할 수 있는 길이라고 생각해요. 이런 방식도 가능하다는 걸 알리고 싶은 마음도 있고요.

맞아요. 그런 것도 있어요. 제가 시골로 간다고 했을 때 주변 반응이 "네가 시골에 살 수 있을 것 같냐?", "절대 안 된다." 친구들이 다 그랬어요. "너는 노는 거 좋아하고 사람 만나는 거 좋아하는데 네가 거기 산에서 살 수 있겠냐?" 그랬죠. 저도 오기가 생기더라고요. '나 이렇게 살 수 있는데? 보여줄게' 하고요.

시골 생활과 도시 생활의 특별한 차이가 있다면 어떤 부분일까요?

일단 마스크가 없는 것, 깨끗한 공기, 그리고 천연 ASMR이요. 저는 숲에서 새소리가 이렇게 많이 나는 줄 몰랐어요. 또 여기가 해발 500고지에 있다 보니까 여름밤엔 은하수가 보이거든요. 엄청 감탄하다가 이제 좀 익숙해졌어요. 결핍이라고 하면 배달 음식이 없는 거. (웃음) 그리고 강제로 건강식을 먹을 수밖에 없는 거예요. (웃음) 어머니가 해주시는 건강식으로.

원래 시골을 좋아하셨어요?

아니요! 저는 벌레를 너무 싫어해서 벌레 때문에 못 가겠다

자연을 보다 깨끗하게, 동물들과 함께

했는데 살다 보니 생각보다 벌레가 별로 없어요. 그리고 이제는 그들을 무시하게 되는 경지에 올랐어요.

도시에서 오래 지내다 오셔서, 여기에서 지루하진 않으세요?

　　네. 생각보다는 덜 지루해요. 왜냐면 제가 비건 빵을 만들게 된 것도 건강에 대한 관심이 많아서였거든요. 그리고 여기가 시골이다 보니까 식재료 구하기가 쉽잖아요. 나물 뜯으면 되고 가서. 제철에 바뀌는 식재료에 따라서 빵을 바꾸고 이렇게 하고 있거든요. 쉬는 날엔 식재료 구하러 다녀요. 엄마랑 쑥 캐러 다니고 주변에 좋은 데 있다고 하면 같이 가서 보고 그러죠. 그런 식으로 맨날 돌아다니고 있고, 요즘의 제 관심사가 '제철 빵'이에요. 제철 음식 같이 제철 빵을 만들고 있는 거죠.

실제로 빵에 호두, 홍국, 쑥, 흑미, 미나리 등 다양한 재료를 활용하시죠. 원래부터 빵 만드는 스타일이 다양했나요?

　　아뇨. 일반적인 빵집에선 정해진 레시피대로 만들어야 하니까 내 가게를 차리고 싶은 마음이 더 커졌던 것 같아요. 내 가게면 빵 만들 때 이렇게 저렇게 응용해볼 수 있잖아요. 그게 시골의 가장 큰 장점이자 경쟁력이라고 생각해요. 제철 식재료도 저렴하게 구입할 수 있고요.

김다솔(함양)

지역에서 나는 제철 먹거리를 따라가다 보니 '도하베이커리'의 빵은 시즌 제처럼 느껴지네요.

맞아요. 장단점이 있지만 계속 연구해야 할 것 같아요. 새로운 것도 해보고, 반응 좋았던 것도 유지해나가야죠. 그렇지만 기대보다 실망하는 분도 있는 것 같아요. 너무 건강하다 보니까. 시판 빵의 달달함을 기대하시는 분은 앙금이 없다고, 이게 무슨 빵이냐고 그러시는 분들이 간혹 있으세요. 저는 정말 맛있는데, (웃음) 호불호가 있는 거니까요.

운영하면서 힘든 점은 또 없었나요?

온라인 판매를 주로 하다 보니 소비자에게 도달하는 데까지 시간이 걸려서 신선도가 조금 떨어지는 것이 단점이고, 또 택배로 보내는 과정에서 에너지가 많이 쓰이잖아요. 그러다 보니 최대한 환경에 해가 안 가도록 스티로폼, 아이스팩 사용을 지양하고 있거든요. 근데 빵에 보존제나 합성첨가물을 안 쓰다 보니까 한여름 택배가 좀 문제라서 여름엔 스티로폼과 아이스팩을 사용할 수밖에 없어요. 지금 저에게는 빵의 신선도와 고객분들이 최우선이니까요. 이런 부분, 제가 생각했던 이상과 현실의 문제에서 타협해야 하는 점이 조금 힘들었어요.

자연을 보다 깨끗하게, 동물들과 함께

다솜님은 일할 때 어떤 스타일이에요?

'하고 싶은 거 즐겁게 하자'는 스타일이에요. 원래 저는 일을 이렇게까지 하고 싶진 않았고, 적게 일하고 적게 벌고 싶었거든요. 그냥 편하게. 그래도 도시에서는 엄청 힘들게 일했었죠. 거기선 제가 나서서 하는 일이 아니고 사장님이 시키시는 일을 하는 거니까요. 좀 답답한 그런 게 있잖아요. 내 일을 못 하니까. 3년 정도 그렇게 있다 보니까 내 일을 하고 싶더라고요.

적게 일하고 적게 벌고 싶다고 하셨지만, 다솜님은 주어진 일을 속이지 않고 정직하게 해나가실 것 같아요. 원래 일을 즐기는 스타일이었나요?

예전부터 이렇게도 해보고, 저렇게도 해보고, 다양하게 해보는 걸 좋아했어요. 체계적으로 일하는 걸 좋아해서 체계를 만들어나가는 스타일이었거든요. 또 비효율적인 걸 정말 싫어해서 힘든 걸 어떻게 편하게 할 수 있을까 하면서 항상 매뉴얼을 바꿨죠. "이렇게 하면 편하던데 이렇게 하는 게 어떨까요?" 제안도 많이 하고요. 윗분들은 토 단다고 안 좋아하셨지만. (웃음) 항상 능동적으로 일했던 게 창업하고 나서는 큰 도움이 되더라고요. 지금도 바쁠 때는 정말 힘들지만, 제가 좋아하는 일을 하니까 재밌어요.

요즘 일과는 어떻게 되세요?

　　새벽 5시에 일어나서 한 12시까지 빵을 구워요. 12시가 되면 손님들이 좀 오시거든요. 손님맞이하고 택배 포장하면 오후 4시가 돼요. 그럼 가족 중에 바쁘지 않은 사람이 번갈아서 마천면에 '콩가 카페', '대봉산 휴양밸리', 그리고 읍내에도 배달 가죠. 일이 다 끝나면 6시예요. 거의 빵에 맞춰서 생활하고 있어요.

어휴, 새벽에 일어나서 저녁까지 하는 셈이네요. '도하베이커리'는 오랫동안 지속해야 하는데요...

　　저녁 6시에 끝나는데 저녁 먹고 잠시 쉬다가 밤 10시부터 다시 일해요. 밤 10시에 밑반죽하고 재료 준비를 해야 하거든요. 처음에는 진짜 힘들어서 못 하겠다고 했는데 지금은 몸에 조금 익었어요. 갑자기 손님이 엄청나게 많이 오시는데 제 역량이 안 되더라고요. 사업을 처음 해보는 거고 사장도 처음이라서요. 너무 갑자기 많이 오시니 힘들었는데 이제는 루틴도 생기고 몸에도 익어서 괜찮아졌어요. 그리고 저는 주로 비대면 택배 판매를 하니까 일정을 제가 조절을 하면 되잖아요. 오늘 물량이 부족하거나 일정이 많으면 내일로 미룰 수 있죠. 그렇다고 해도 쉽진 않지만요.

요즘 많이 하는 고민이 있나요?

　　'도하베이커리'가 좀 알려지다 보니 사람들의 기대치가 있잖아요. '거기에 내가 도달할 수 있을까?' 이런 생각을 해요. 제가 계절마다 빵을 바꾸는데 '이번 빵을 사람들이 좋아할까?', '좋아하게 하려면 어떻게 해야 할까?' 이런 생각을 계속, 계속해요.

이곳의 슬로건이 굉장히 좋았어요. '자연을 보다 깨끗하게, 동물들과 함께, 사람들을 이롭게.' 이 슬로건은 어떻게 만들어졌나요?

제가 그냥 지었어요! 제가 건강한 먹거리를 찾게 된 계기가 있어요. '서른부터 인생을 바꿔야겠다'도 있지만, 부모님이 부산에서 사업을 하셨었거든요. 어릴 때부터 그 흥망성쇠의 과정을 다 봐왔어요. 그러면서 돈은 정말 아무것도 아니구나, 느꼈어요. 있다가도 없는 거고, 없다가도 생기죠. 도시 생활이 무의미하더라고요. 돈을 아무리 벌어도 월세 내고 생활비로 쓰고 나면 남는 것도 없고. 저축을 해봤자 집도 살 수 없고 차도 살 수 없었어요. 금전적인 부분이 분명 있었네요.

그러다 보니 가치 있는 일을 더 하고 싶었어요. 친구들도 몇 년 동안 취업이 안 돼서 고생하고, 우울증까지 온 친구도 있다 보니 도시에서는 더 이상 사람이 살 수가 없겠다는 생각이 많이 들었어요. 돈이 뭐길래 이렇게까지 살아야 하나, 이런 생각을 계속하다 보니까 세상을 비관적으로 보게 됐어요. 그래서 제 슬로건을 이걸로 정했어요. 비건과 환경문제는 떨어질 수 없는 주제잖아요. 그래서 빵도 이왕이면 더 건강하고 깨끗하게 만들려고요.

다솜님은 도시 생활하면서 우울했던 경험은 없었나요?

저는 좀 웃긴 게, 되게 긍정적으로 살았어요. '왜 이러지?' 할
정도로요. 그런 성향이어서 다행이에요. 그리고 제 얘기하는 것보
다 남 얘기 듣는 걸 되게 좋아하거든요. 그 사람의 인생에 대해서
듣다 보면 이런 생각을 하는구나 하고 알게 되는 게 재밌어요.

원래 사람들 만나는 것을 좋아하세요?

네, 맞아요. 제가 심심하지 않은 이유가 그런 거예요. 손님이
오셨는데 말이 통하고 잘 맞는 손님 계시면 계속 얘기하고. 랜덤하
게 바뀌는 친구가 계속 오는 거죠.

시골에서 지내기 위해서 꼭 필요한 것 중 하나가 '먹고사니즘'에 관한 거예
요. 사업을 하는데 경제적인 부분은 걱정은 안 되세요?

아무래도 시골에 있으면 일단 주거비나 식비 같은 게 절감되
고, 가족이 다 같이 일하다 보니 인건비도 절감이 되죠. 도시에선
10평짜리 가게를 내도 월세가 200만 원 정도는 나가더라고요. 그
런 부분에서 저는 절약이 되는 거예요.

빵은 오히려 가격이 너무 싸다고 하시는 분이 더러 있어요.
비건 빵이기도 하고, 좋은 재료만 쓰는데 너무 싼 거 아니냐고요.
근데 저는 제조과정에서 세이브 된 부분을 소비자 가격을 내려서
맞춘 것 같아요. 또 직거래다 보니 유통 면에서도 세이브 되는 점

이 있고요.

다솜님이 정말 빵에 진심이셔서, 지금은 빵집과 자신을 동일시하는 것처럼 느껴져요. 일상의 대부분을 빵과 함께하다 보니 그런 것도 있겠지만 피로해질까 봐 걱정이 되네요. 빵집 사장님 말고 개인 김다솜으로는 앞으로 어떤 삶을 살고 싶어요?

개인적인 제 꿈은 숲속에 비건 마을을 만드는 거예요. 저는 빵을 굽고 누군가는 비건 식당을 하고 누군가는 비건 상품을 파는 가게를 만들고. 숲에서 요가도 하고, 명상도 하고… 누구든지 와서 힐링할 수 있는 마을을 만들면 너무 재밌을 것 같아요. 기왕이면 귀농·귀촌한 청년들로 이루어졌으면 좋겠어요. 도시문제 해결은 시골에 답이 있다고 생각해요. 귀촌도 생각보다 장점이 많고 진짜 재밌거든요.

감자

렌즈의 방향은 지구쪽

"

현장으로 뛰쳐나가서
'외지에서 온 나도 당사자'라는
얘기를 하는 것이
이 운동에는 큰 도움이 돼요.
다른 지역 산다고 해서
지리산이 제삼자로
느껴지지 않으면 좋겠어요.

"

렌즈의 방향은 지구쪽

감자(하동)

승현

근황으로 시작해보죠. 요즘은 어떻게 지내고 계세요?

감자 '지리산게더링'에서 '여성 해방 마고숲밭'이라는 공간을 꾸리게 됐어요. 그곳에서 지내고 있고요. 그 공간에 함께 사는 사람들이 세 명 정도 생겨서 재미있게 지내고 있어요. 그리고 의도한 건 아니었는데, 올해는 제 활동을 정리하고 회고하는 시간으로 보내고 있어요. 최근에 상업 영화 현장에 갔다가 약간의 노동 문제를 제기하면서 그만두고 나왔거든요. 숲에서 한 달 정도 지내면서 힐링하고 있어요.

상업 영화 현장에 갔던 건 최근이네요?

10월 초에 시작하는 거였는데 크랭크인 전날까지 계약서를 안 쓰는 거예요. 계약서를 문의하는 과정에서 이렇게까지 일을 하는 건 어렵겠다는 생각이 들었어요. 이미 한 달 반 동안 월급이 밀려 있는 친구들도 있었어요. 계약서 얘기를 했더니 "너는 써줄게, 안 쓴다고 한 것도 아닌데 뭐가 문제냐" 이러더라고요. 그래서 황당해서 그만뒀는데 그 과정이 참 쉽지 않았어요.

힘든 시간을 보내셨겠네요. 아직도 기본적인 근로기준법조차 지켜지지 않는 현장도 있군요.

물론 돈을 떼일 거라는 생각은 안 하지만, 아무리 현장이 좋아졌다 해도 이런 현장이 아직도 유지되고 있나 하는 생각이 들었어요.

그래서 치유를 위해서 '마고숲밭'에서 지내고 계시고요. (웃음) '마고숲밭'에서 지내는 건 어때요?

요즘 재밌어요. 재미있다는 건 이 숲에서 지낼 때 돈을 안 벌어도 되겠구나 이런 생각이 들어서요. 지내는 친구들도 마찬가지로 '탈脫 자본'을 실험하는 상황인데 그 감각이 재미있는 것 같아요. 예를 들면 쌀 걱정을 할 때 방문자가 쌀을 갖고 오는 식이에요. 감도 주워 먹고요. 자본을 이용하지 않더라도 어떻게든 굶지 않고 삶이 이어지는 게 재미있는 일이더라고요. 이런 것들을 하면서 '진짜 탈 자본이 가능할까?' 생각도 들어요. 웬만하면 소비를 통해서 해결했던 것들을 소비하지 않는 방식으로 해결해 보려는 감각이 재미있어요. 그 공간을 가꾼 지가 채 1년이 안 됐는데 벌써 사람들이 서너 명이 살아요. 화장실도 있고 부엌도 만들었기 때문에 대부분 이 안에서 해결이 가능하거든요. 저도 여기서 사는 게 신기하고, 오는 친구마다 좋다는 이야기를 해요. 동네 사람들도 종종 오시고요. 어떤 분은 아기들을 데리고 오셨는데 그 아기들이 숲에 있는 게 제일 좋았다고 얘기할 때 너무 짜릿했죠.

'지리산게더링'을 꾸려가는 멤버로 감자님도 속해있잖아요. 생태적인 방식으로의 전환은 어떤 계기 없이는 어려운 것 같아요. 감자님의 경우는 어떤가요?

　　3년 전에 지리산에 오면서 양수발전소 반대 싸움을 했거든요. 그때 삶의 전환에 대한 고민을 시작했던 것 같아요. 양수 댐 반대 운동 이후에 지역 활동가로 활동하기 시작했고요. 《월간하동사람들》이라는 영상을 제작할 때 하동의 축사와 발전소 이슈를 접하면서 여기엔 방법이 없겠다고 느껴지더라고요. 그런 와중에 산내에 있는 친구들을 만나서 얘기하면서 답답한 마음이 조금 해소된 것 같아요.

　　그리고 일본의 '표주박시장'을 갔다 오면서 산내에서 표주박시장 설명회를 열고 거길 다녀온 친구들끼리 지리산에서도 이런 걸 하면 좋겠다고 생각이 모였어요. 그래서 만약 양수 댐이 지어졌다면 수몰됐을 그 계곡에서 첫 '지리산게더링'을 열어본 거고요. 그게 이어져서 구례에 땅을 소개받고 여기까지 온 거죠.

하동에 돌아오기 전에는 영상 일을 꾸준히 하셨죠. 그때는 어떻게 지냈나요?

서울에서 다큐멘터리 할 땐 사회에서 인정받는 통상적인 '좋은 삶'을 살고 싶은 욕망이 있었는데 그게 잘 안 됐어요. 그게 저에게는 어려운 일이더라고요. 처음에는 극영화를 하려고 하다가 다큐멘터리를 전공했고, 그러다 자연 다큐멘터리 현장에서도 일했어요. 일할 때 정말 큰 괴리감을 느꼈는데, 자연 다큐멘터리 할 때 심각한 연출을 많이 하거든요. 예를 들어서 새가 쥐를 촬영하는 장면을 꼭 찍고 싶다고 쳐요. 그런데 한정된 조건 안에서 찍다 보니 마냥 기다릴 순 없고, 단기간 안에 원하는 장면을 뽑아내야 해요. 그러면 결국 쥐를 생포해서 카메라 앞에다 묶어놓는 거예요. 윤리적인 고민이 드는 순간이죠. 노동자로서의 대우도 마찬가지예요. 출근은 있지만, 퇴근은 없는… 언제 내가 집에 가야 할지 모르는 막막함… (웃음) 그런 게 괴로웠어요.

그리고 제가 아버지를 주인공으로 졸업 작품을 촬영했거든요. 짧게 얘기하면 저희 아버지가 북파 공작원 훈련을 받으셨는데 부상당하시는 바람에 보상을 못 받으신 거예요. 그런 내용으로 아버지 인터뷰하는데 '이건 분명히 대박 나겠다' 싶은 아이템이었어

렌즈의 방향은 지구쪽

요. 그래서 무슨 일이 있었냐고 아버지에게 취조 하다시피 물었는데 아버지가 말씀을 안 하시는 거예요. 그러다 어느 날, 용산 경찰서에서 아버지가 만취 상태라면서 전화가 왔어요. 그런데 저는 친구랑 카메라 들고 가서 아버지가 경찰한테 술주정하는 장면을 찍은 거예요. 나중에 알고 보니 아버지가 부상당한 이후에 탈영했고, 그게 보상을 못 받는 결정적인 이유가 됐더라고요. 국가를 위해 희생한 자부심으로 살아왔던 스물세 살의 아버지한테 그 사실이 큰 상처가 된 것 같아요. 반면에 저는 그런 아버지 약점을 이용해서 해외 영화제를 가겠다는 꿈이 있었던 거죠. 나중에는 아버지를 소재로 촬영했던 게 쥐를 생포해서 묶어놨던 것과 마찬가지로 느껴졌어요. 소비 대상화를 한 거죠. 돌이켜 생각해보면 영화를 하는 의도가 잘못됐었다고 느껴져요. 저는 아직도 그때를 복기하는데, 아마도 인정받고 싶은 욕구 때문이었을 거라 생각해요. '나도 잘할 수 있다' 혹은 '나도 사회적으로 인정받고 싶다'라는 마음이 강해서 영화를 한 것 같아요.

　　그리고 자연 다큐멘터리를 할 때 어느 순간엔 '내가 이 바닥을 벗어날 수가 없겠구나', '내가 잘 해봐야 나한테 월급 주는 저 아저씨 정도밖엔 안 되겠다' 생각이 들었는데, 당시에 여러 사건이 많았거든요. 대표적으로 남아공에 독립 다큐 찍으러 갔던 박환성 피디가 촬영 중에 돌아가신 일도 있었죠. 굉장한 충격이었는데, 그리고 다음 날 아침에 출장 나가는데 저도 졸음운전 하는 거예요.

다른 피디들도 하소연하더라고요. 그런 피디들이 '을'이었으니 그러니 제 위치는 을도 아니고 병, 정쯤 되는 거죠.

정이면 다행이죠. '계'일 수도 있어요. (웃음) 하동에 가게 된 건 그 이후인가요?

그러네요. 그 일은 학자금도 다 갚기 전에 그만두게 됐어요. 그만두자마자 알고 있던 제주도 목수에게 연락해서 함께 1년 정도 일했고요. 거기가 저에게는 유토피아처럼 보였거든요. 어쨌든 직업을 갖고 돈을 벌어서 삶을 유지해야 하는데, 거기는 무슨 일이 있어도 5시에 퇴근했거든요. 그게 가장 큰 장점이었던 것 같아요. (웃음)

그러다 결정적으로 하동으로 간 계기가, 부모님이 여행 가실 동안 집에 강아지 볼 사람이 없대서 하동에 개밥 주러 다시 온 거예요. 그 3개월 동안 혼자 집에서 지냈는데 그때가 저한테 정말 좋은 시간이었거든요. 정말 하고 싶은 대로 하고 살았어요. 소주를 하루에 2~3병씩 마셨어요. 진짜 이래도 되나 싶을 정도로! (웃음) 사람들이 보는 그런 스테레오 타입 있잖아요. 시골에 낙향한 젊은 사람이 에너지를 삭히지 못해서 술 마시면서 망가지는 그림. 근데 저는 너무 편하고 좋았어요.

소주 사 갈 때 슈퍼 아저씨가 걱정하지 않으셨어요?

슈퍼 아저씨뿐만 아니라 그 주변에 종종 마주치는 사람들이 "너 그러다가 큰일 난다", "내 주변에 누가 그러다가 금방 죽었다" 그랬죠. 그런데 그때 비로소 내려놓게 된 것 같아요. 남에게 인정받지 않아도 되고 오히려 스스로를 인정하게 됐어요. 그전엔 그렇게 마음 놓고 쉴만한 기회가 잘 없기도 했고요. 쉬어도 불안하고 뭔갈 해야 할 것 같고… 정체되는 느낌이 강하게 들었거든요.

처음에 영상 일 시작할 땐 한 달에 50만 원씩 받으면서 먹고 살았어요. '열정 페이'의 전형이죠. 너무나 고통스러웠고 못 볼 꼴도 많이 봤어요. 그럼에도 불구하고 성취에 목말랐죠. 열정 페이라는 게 그런 거잖아요. 뭔갈 하고 싶고, 성취에 목마른 젊은 사람들을 데려다가 밝은 미래를 담보로 하는 노동력 착취. 제가 어린 나이였지만 어느 정도 경력이 있었고, 만약 일을 계속하고 싶다면 할 수 있는 상황이었어요. 그런데 하고 싶어도 못하겠는 걸 어떡해요. 독립 피디들이 열악한 노동환경에서 죽음을 맞이할 때 '나는 안 죽어야지, 나는 죽지는 말아야지' 이런 생각을 했던 것 같아요. 무슨 마음인지 알겠더라고요. 그래서 그만둔 것 같아요. 선배들의 삶 중에 원하는 그림이 하나도 없었어요. 제주에서 목수를 하고 싶었을 때도 현지 물가가 너무 비싸서 제가 집 열쇠 하나도 얻을 수 없겠더라고요. 아버지도 목수 일을 하셨는데, 경제적으로 무능력하다는 평가를 많이 받았어요. 일용직을 해보니 그 이유를 알겠더라고요. 그런 사회를 이해하게 되면서 여기서는 내 자리가 없겠다는 생각이 들었죠.

그러다 보니 지리산 돌아와서 지냈던 그 3개월이 저한테 많은 위안과 안정을 줬어요. 그 이후에 그 동네에 댐을 짓는다는 소식이 딱 걸린 거예요. 그때 처음으로 여길 지키고 싶다는 생각을 했어요. 내가 위로를 얻으면서 편하게 지냈고, 앞으로도 그러고 싶은데 이곳에 댐이 들어서게 되면 너무 아깝잖아요. 가족들도 댐이 들어오니 이사를 준비하는 분위기였어요. 그때부터 복잡해지면서 아는 사람들한테 연락해서 어떻게 해야 하는지 물어보고 대책위 결성하는 일을 하게 된 거예요. 그게 저에게 전환의 큰 포인트가 됐죠. 저는 원래 마을 회의에 가는 사람이 아니었거든요.

삶의 전환이 자연스럽게 이뤄졌네요. 맨 처음에는 강아지 밥 주러 왔다가 (웃음) 댐 관련 소식이 들렸고, 또 하필 집이 수몰 지역에 포함되어 있었고요. 그 이후엔 자연스럽게 여기 살아야겠다는 생각이 들던가요?

올해로 하동에 산 지 만 3년이 됐어요. 여기 살아야겠다는 결정은 그 세 달간 지냈던 시기에 하게 됐고요. 댐 반대 운동을 하고 나니까 할 일들이 생기더라고요.

그 일련의 과정을 《월간하동사람들》에서 많이 다루셨잖아요. 정말 인상 깊었어요.

　　　　동네 사람들과 지역 커뮤니티도 저를 많이 주목해주셨어요. 다큐멘터리 전공했다고 하니까 제안도 많이 들어왔고요. 자연스럽게 《월간하동사람들》도 제작하게 됐죠. 배운 게 도둑질이니까. (웃음) 그리고 그때까지 인정 욕구 같은 게 있었어요. 제가 선택해서 쌓아온 것들을 발현해보고 싶은 게 계속 있거든요. 그런 게 맞아떨어지니까 《월간하동사람들》도 찍게 됐던 거죠.

《월간하동사람들》 이야기를 해보죠. 특히 축사와 발전소 이야기는 정말 흥미롭게 봤어요. 매체가 주목하지 않는 지역의 어두운 면을 집중하고 있는 것 같아서요. 감자님은 그것을 통해서 어떤 걸 보여주고 싶었나요?

　　　　제가 주목했던 부분은 양수발전소 에너지 문제였어요. 축사는 공장식 축산에 관한 문제고요. 그리고 태양광 패널까지, 이 모든 게 지역에 집중된다는 것을 말하고 싶었어요. 지역에 집중되는 이유는 거기 사는 사람들이 얼마 없고 정치력이 부족한 것, 그러니까 힘이 약한 거죠. 소위 말해서 지역 유지 몇 명만 구워삶으면 그런 것들이 이루어지고, 나머지 지역 사람들은 말도 안 되는 피해를 겪는 불평등을 목격했어요. '지역의 식민지성'이 바로 보이는 거예요. 내가 사는 지역이 서울의 식민지구나, 게다가 이곳에 사람들이 없어서 이렇게 당하는구나…

아직도 가장 많이 얘기하는 사례 중 하나가 하동 화력발전소예요. 하동 살면서 발전소가 있는 줄은 알았는데, 그 동네 사람들이 암 걸려서 죽는다는 이야긴 처음 들었거든요. 제가 어렸을 때 화력발전소에서 나눠준 30cm 자가 있어요. 그런 거라도 줘서 좋은 이미지를 만들고 싶었겠죠. 그런데 사람들이 죽어가는 줄은 몰랐던 거예요. 심지어 화력발전소 지을 때 환경영향평가서에 '지역 주민의 학력 수준이 낮다'라고 적혀 있어요. 이게 1998년에 만들어진 문건인데 충격적이죠. 지역 사람은 무시하고 같은 사람으로 취급하지 않는구나, 느꼈어요.

에휴, 설령 지역민의 학력 수준이 낮다 해도 그것이 화력발전소를 지을 명분은 되지 않는데요.

결국엔 얘네들이 못 배우고 힘도 없으니 밀어붙여도 된다고 보는 거예요. 참을 수가 없더라고요. 저는 다큐멘터리 신Scene에서는 활동 위주의 다큐멘터리를 선호하고, 학교에서 배웠던 선생님도 철거민 운동이나 당시에 뜨거웠던 밀양, 강정, 용산에서의 활동에 애썼던 사람이었어요. 그 일련의 과정을 겪으면서 이게 내 일이라는 걸 알게 된 거죠. 그래서 영상에서도 그런 것들을 표현하고 확산시키고 싶었어요. 소통하는 게 재미있었어요. 학교를 졸업하면서 내가 생각하지 못했던 것들을 다시 되새겨볼 수 있는 그런 계기였죠.

영향력 있는 방송사에서 감추려는 이야기를 감자님은 드러내니 마을 분들이 고마워했을 것 같아요.

양수발전소나 축사, 태양광 문제는 절대 중앙방송에서 다뤄지지 않고 그나마 지역 방송에서만 다뤄져요. 그리고 제가 마을 분들에게 미안한 부분들도 있어요. 왜냐면 이분들은 절박한 상황이니 저 같은 사람이라도 가는 것이 큰 힘이 되지만, 제가 매번 다음을 기약할 수가 없겠더라고요. 이분들은 "이때 필요한 데 와줄 수 있냐?" 혹은 "이런 거 한번 해주면 좋겠다" 제안해주실 때 제가 동력이 떨어지면 갈 수 없는 거죠. 그렇게 미디어의 역할로 연대를 하는 것도 방법이지만 새로운 방법을 찾고 싶다는 마음이 있었던 것 같아요. 지금의 숲속 생활하는 게 저한테는 하나의 방법이지 않겠나 생각하고 있어요.

유튜브 채널 이름이 '지리산필름'이잖아요. 이곳을 대표하는 것 같아요. 지역 고유명사 따내기 쉽지 않잖아요. (웃음)

'지리산필름'이라는 것도 혼자 만든 건데, 큰마음을 먹고 만든 건 아니고요. 이름만 만든 거죠. 지금은 너무 의미가 커서 기회만 되면 바꿔야겠다고 생각하고 있어요. (웃음)

영화도 제작하셨죠?

양수 댐 반대 운동 중에 그다지 가깝지 않았던 친구 한 명이 지리산에 관한 시나리오를 써서 온 거예요. 이걸 같이 영화로 만들어보자고요. 그때를 계기로 친해지고 《선상지》라는 영화를 만들었어요. 그 이후부터 사람들이 '너는 영화 하는 사람이구나'하고 알아봐 주는 것도 있었어요.

타 인터뷰에서 영상에 대해서 '스스로 배우고 느낀 것을 표현하는 것이고, 그 결과를 나누는 것'이라고 하셨더라고요. 감자님이 생각하는 영상에 대해 더 설명해주실 수 있나요?

아무 말이나 한 것 같은데요? (웃음) 그렇지만 그 짧은 시간이 저한테도 큰 성장의 계기였다고 생각해요. 영상은 제가 세상을 보는 관점을 다시 생각하도록 만들었어요. '왜 사람들은 이런 얘기들을 하지 않을까?' 하는 물음이 있었는데 이 물음이 자연스럽게 '기후변화'나 '탈성장' 쪽으로 가는 거예요.

2019년에 화개면에서 지내면서 생각했던 건 '세상엔 소득이 적은 사람이 더 필요하다'라는 거였어요. 소득이 적은 만큼 소비를 적게 하니 탄소 배출을 줄일 수 있다는 거예요. 소비라는 것은 결국 탄소를 배출하는 거니까요. 그때는 자조적인 말이었는데, 가면 갈수록 저에게서 구체화 되더라고요. 이게 틀린 말은 아니었구나 하고 생각했어요.

그런 의미에서 다큐멘터리라는 것은 스스로 살아가면서 나름대로 세운 가설이나 가치관을 얘기할 수 있고, 내가 어떤 것들을 느꼈는지를 표현할 수 있는 하나의 수단이라고 생각해요. 요즘은 내 영화나 영상을 접할 수 있는 경로를 좀 더 다양화해야 할 것 같고요. 그래서 저런 이야길 한 것 같네요. 처음엔 유튜브처럼 대중적인 플랫폼의 상업적이고 자극적인 면을 무시하는 경향이 있었거든요. 그런데 반대로 거기선 가장 쉽고 빠르게 사람들과 접점을 만든다는 장점도 있으니까요.

그걸 수단으로 이용한다고 생각하면 마음이 편할 것 같아요. 감자님이 전달하는 이야기들은 누가 해주지 않으면 알 수 없으니 감자님의 영상작업물들이 더 많이 알려지면 좋겠더라고요. 확성기 역할이 가치있다고 느껴졌어요. 그런데 지리산 지역에서 생태, 환경 쪽으로 활동하다 보면 자칫 낙인찍히는 경우도 있지 않나요?

사실 그래서 구례에서 생활하는 것도 있어요. 작년엔 제가 '지리산 산악열차 반대 운동'을 했잖아요. 그 당시에는 직접적인 회유와 협박이 있었고 저희 부모님이 운영하시는 작은 쉼터에 불법이라며 항의를 하는 경우가 있었어요. 그게 해마다 강해지더라고요. 낙인도 낙인이지만 올해 여름에는 부모님과도 소통이 어려워질 정도로 여러 가지 문제의 층위가 겹쳤어요. 같이 양수 댐 반대 운동했던 마을 사람들도 그때는 또 다르게 보시더라고요. 이건 또 다른 문제인 거예요. 집이 유명해져서 차가 들락날락했으니까요. 공무원이 일곱 명이 민원 해소하겠다고 찾아온 적도 있었는데 그때 진짜 힘들었어요. 제가 한순간에 시민단체의 사무국장도 하게 되니 정치적 입지가 생긴 거죠.

부모님도 생태나 대안 문제에 관해서는 '사이비 종교 같은 데 빠진 게 아니냐, 왜 돈을 안 벌고, 결혼도 안 하고, 구질구질하게 살려고 하느냐'는 시선이 분명히 있었어요. 다른 사람이 이야기하는 건 괜찮은데 부모님이 얘기하실 때는 좀 원망스럽더라고요. 우리가 하는 얘기는 실현 불가능하거나 이상한 종교 같은 얘기인 거예요. 차별금지법이나 평등, 성적 지향의 자유, 위계적인 구조를 바꾸자는 것에 대해, 그리고 돈을 벌지 않거나 이 안에서 온전하고 자유롭다는 이야기… 그런 것들이 전혀 받아들일 수 없는 무엇으로 생각하고 있다는 거죠. 낙인이라기보다는 일종의 무시죠.

지역에서는 공감대가 잘 없기도 하고요. 활동가 포지션으로 봤을 때, 이런 사례들 때문에 지역에서 살기가 쉽지 않겠다는 생각이 들어요. 지역사회에서 환경 운동하는 사람들을 무시하고 깔보는 게 있더라고요. 그런 것을 어떻게 이겨나가셨나요?

이겨나갔다기보다는요. (웃음) '지리산게더링'할 때 너무 재밌고 이런 방식으로 대안을 얘기할 수도 있으니까 뿌듯함을 느껴요. 주변에 실천하는 동료들이 있으니 든든하기도 하고요. 그게 큰 버팀목인 것 같아요. 극복했다고 보기는 어려운 것 같고요.

양수 댐 반대 운동, 산악열차 반대할 때도 제가 계속 강조했던 것이 "나는 외부세력이 아니다"라고 이야기하는 거예요. 현장으로 뛰쳐나가서, 외지에서 온 나도 당사자라는 얘기를 하는 것이 이 운동에는 큰 도움이 되고 그런 방향이 필요했던 거죠. 서울에 산다고, 다른 지역 산다고 해서 지리산이 제삼자로 느껴지면은 안 된다고 생각해요. 그것이 어느 산이든 간에요. 케이블카 같은 것이 없어도 산을 마음 편하게 즐기는 문화가 됐으면 해요. 지역에 사는 사람으로서 기후 위기를 중심으로 방향성이 잡히면 좋겠어요.

그동안에는 스스로 '지역에 사는 당사자 청년'으로 소비된다고 인식하고, 그것을 이용하는 게 나의 플레이 방법이라고 생각했어요. 그렇게 소비되면서까지 정말 많이 애를 썼는데 요즘은 다 내려놓게 되더라고요. 그래서 지금은 지역이나 단체 소속감 없이 지내보고 싶어요.

이렇게 다양한 활동 안에서 감자님은 어떤 걸 바라고 있나요?

정말 소비되지 않고 싶어요. 그리고 소비하고 싶지 않아요. 그런데 우리는 소비를 너무 많이 강요받고 있어요. 소비하지 않을 수 없고, 또 소비를 강요당하지 않고 살기도 힘들더라고요. 그러니까 소비의 대상이 아니라 온전한 존재로서 소통하는 일을 하고 싶어요.

댐 반대할 때는 에너지 문제에 대해서 같이 고민하던 사람들이 같은 동네에 케이블카 올리자고 하니까 환영하는 건 너무 이율

배반적이잖아요. 그 핵심은 '소비'인 거예요. 댐을 지어도 지역 개발되고 발전된다고 생각하는 거죠. 관광해도 지역 발전된다 이거에요. 그래서 당시에는 대안을 만들고 싶어서 생태관광 같은 걸 열심히 제안하고 다녔는데 안 받아들여져서 정말 다행이에요. (웃음) '지리산게더링'도 열심히 활동하게 된 게 산악열차의 대안을 제시하고 싶었던 거예요. 산악열차를 짓지 않고도 우리가 충분히, 재밌게 잘 놀 수 있다는 걸 얘기하고 싶었는데, 지금은 소비하고 싶지 않은 수준까지 온 거죠.

지금은 우리 사회가 무언가를 더 하기 보다 잠시 멈춰야 할 필요가 있는 것 같아요. 어떤 문제가 생길 때마다 미봉책으로 남겨두는 방식은 그만둬야 한다고 생각해요.

그래서 또 한 가지 이야기하는 게 '사람들이 진짜 게으르게 살아야 한다'라는 거예요. 과거의 제가 '소득이 적으면 사회적으로 기여하는 바가 크다' 생각했던 것처럼 사람들이 좀 게을러질 필요가 있다고 생각해요. 현대에는 사람들이 너무 열심히 살고 있고 열심히 살지 않으면 너무 불안하고 자기효능감을 못 느끼죠.

또 이것이 속도의 문제라는 얘기도 있잖아요. 기후변화나 개발의 속도는 너무 빠르고 그로 인한 결과는 한참 뒤에나 다가오니까요. 그러니 게으르게 하며, 천천히 하고, 한 번씩은 오늘 할 일을 내일로 미루면 낫지 않을까 하는 저만의 어떤 망상, 가설을 전파하고 있어요.

감자님도 쉬거나 가만있을 때 불안한 사람이었잖아요. (웃음)

　　　　　지금도 완전히 괜찮지 않은데, 그럼에도 제가 엄청난 풍요의 시대에 살고 있다고 인식을 하게 됐어요. 지리산에 있으면서 저는 말도 안 되는 네트워크와 자원을 갖게 됐다고 생각하거든요. 왜냐면 다른 사람들이 저를 알아봐 주고 활동을 지지해주는 덕분에 편하게 지내고 있으니까요. 그러니 제가 좀 게으르게 살아도 가능한 거예요. 이젠 어디 가서 굶어 죽거나 얼어 죽을 거란 생각은 안 들어요. 그런 믿음이 있으니 또 잘 지낼 수 있지 않겠나 하고 생각하는 거죠. 제가 예전 자연 다큐멘터리 촬영할 때 마음처럼요. '어쨌든 불안해서 죽지만 않으면 되겠다.'

그것만 있으면 어떻게든 힘들더라도 버틸 수 있는 거니까요. 예전의 얘기로 돌아가 볼게요. 미국 종주를 하셨다면서요?

　　　　　그건 12년 됐네요. 그때부터 제가 계속 빗나갔어요. 그 당시 우리나라엔 하고 싶은 걸 하면서 돈 벌자는 이야기가 자주 나오고, 행복이 삶에서 가장 중요한 가치 중 하나로 급부상할 때였어요. 그래서 열일곱 살 겨울에 말도 안 되는 모험을 시작한 거죠. 왜 하필 자전거를 타고 갔는지 잘 모르겠어요. 자전거 타고 가는 게 너무 멋있어 보였던 것 같아요. 자전거 헬멧 쓰고 쫄쫄이 입은 모습이 참 멋있었어요. 주변의 지원도 많이 받아서 장비와 현금도 많이 챙겼고요. 서너 달을 온전히 혼자서 자전거를 탔던 것 같아요.

그때 제가 기억나는 건 어쩌다 환경운동가를 만난 거였어요. 그 당시엔 제가 환경 운동을 할 거라는 생각도 안 했거든요. (웃음) 그땐 한창 유행하는 여행 작가를 하고 싶었어요. 인정 욕구가 가득할 때니까요. 아무튼, 캘리포니아의 어느 시골 마을 성당에 갔는데 신부님과 얘기 중에 한 환경운동가를 소개해주는 거예요. 그 사람이 '존 프란시스John Francis'라는 사람인데, '플래닛 워커'라고, 샌프란시스코 안에 기름 유출된 사건을 보고 충격을 받아서 침묵으로 걷기로 한 사람이에요. 22년간 걷고 17년간 침묵 여행을 했죠. 요즘 생각하면 '내가 환경운동을 하고 있네, 그 사람을 어떻게 만났을까?' 하는 생각을 새롭게 하고 있어요.

다녀오고 나서는 어땠어요?

당시에 제가 하숙비 방 보증금을 빼서 여행을 다녀왔기 때문에 돌아오고 나서는 지낼 데가 없었어요. 그때 동아리에 있는 10살 이상 차이 나는 선배들이랑 같이 지내면서 심야 영화를 보러 다녔는데 그때 《똥파리》라는 영화를 보면서 충격을 받았죠. 이런 게 영화구나, 영화를 한번 해봐야겠다고 생각했어요. 개천에 용 나길 바랐던 부모님의 기대를 저버린 거죠. 그 당시에는 대학가거나 사관학교 가는 것만 성취라고 생각한 것 같아요. 주변에 볼 수 있는 게 그런 밖에 없기도 했고요.

10대 시절 기억이 나는 순간이 있어요?

　　　　10대 때는 자의식 과잉이었어요. 화개면에서 초등학교, 중학교를 다녔는데 제가 항상 1등이나 상위권을 유지했거든요. 주목받는 데 너무 익숙한 거예요. 그러다 진주에서 고등학교 다닐 때 주목받지 못해서 많이 힘들어했죠. 지금 생각하면 슬픈 부분도 있어요. 왜 그것만이 동력이었을까… 지금도 그런 욕구가 남아 있거든요. 안쓰럽고 짠하죠. 종종 내가 인정하기 싫은 부분들이 나올 때도 있어요.

이제는 그런 욕망이 다른 식으로 발현이 되지 않을까요? 앞으로 활동 안에서 인정 욕구는 긍정적인 부분으로 작용할 것 같아요. 인정이 반드시 나쁜 건 아니니까요.

　　　　그걸 경계하게 되더라고요. 제가 인정받기 좋아하는 걸 알기 때문에 잘못된 선택을 반복하다 보면 카메라 앞에다 쥐를 묶었던 그 시절로 돌아가게 되지 않겠냐고. 그래서 요즘도 제 마음속으로 되뇌는 게 '성공하면 안 된다, 성공하지 말아야지' 이런 거예요. (웃음)

　　　　이건 다른 얘기인데요. 요즘엔 '에코페미니즘', '탈성장' 이런 공부를 많이 해요. 특히 〈가부장제와 자본주의〉를 읽고 보니 제가 하고 싶어 했던 것들은 하나같이 다 가부장적인 요소들이더라고요. 알고 있던 것이 언어화되면서 더 경계하는 것 같아요.

앞으로 감자님은 어떤 삶을 바라고 있나요?

제가 요즘 구례에서 지내다 보니 이 숲에서 지낸다는 이유만으로 지역 활동가 커뮤니티에서 환대해주고 동시에 기대하는 것들도 보여요. 좋기도 하지만 부담도 느껴져서 요즘은 어느 곳에 적을 두면 안 되겠구나 하는 생각도 들어요. (웃음) 그래서 활동가보다는 숲에 살다가 가끔 출몰해서 재미난 것들을 기획하면 좋겠어요. 반드시 지리산권이어야 될 필요도 없을 것 같고요. 게으르게, 너무 빠르지 않게 하고 싶은 것들을 마음껏 해보자 또 살아있다는 존재감을 느끼는 방식으로 살고 싶어요. 반드시 뭔가를 성취하는 방식이 아니라요. 최근에 가장 재밌는 건 돈 안 쓰고 살아본다든지, 차량 이용을 최소화하고 걸어 다녀본다든지, 이런 실험들을 계속해보고 싶어요.

예전의 감자님처럼 도시에서 성취를 바라며 사는 사람들에게 어떤 이야기를 해주면 좋을 것 같아요?

이야기로서는 충분하지 않은 것 같고, '지리산게더링' 숲에 한번 놀러 오라고 얘기하고 싶어요. 그 이후에는 알아서 하더라도 이런 삶도 있는 것을 보여주고 싶다는 욕구가 있어요.

감자(하동)

거기서 어떤 걸 느낄지는 그 사람 몫이지만, 새로운 문화를 경험하는 건 중요하니까요. 감자님 말처럼 말로 해서는 안 되는 문제라는 데 공감해요. 아무리 말 해봐야 내가 지역에서 변화해 온 과정과 순간순간의 깨달음을 오롯이 전달하진 못할 테니까요.

　　　며칠이라도 전환의 경험을 해보면 좋겠어요. 제 생각엔 많은 사람이 지역에 살지만 도시 문화를 기반으로 살아간다고 생각해요. 숲속에 있다가 집에 갔을 때 이 흙바닥과의 분리가 확 느껴지거든요. 따뜻하고 안전한 공간에 누워있는 편안한 감각을 느낄 때 저는 이미 도시에 있다고 느껴요. 그런 분들을 숲으로 초대하고 싶어요.

똥폼

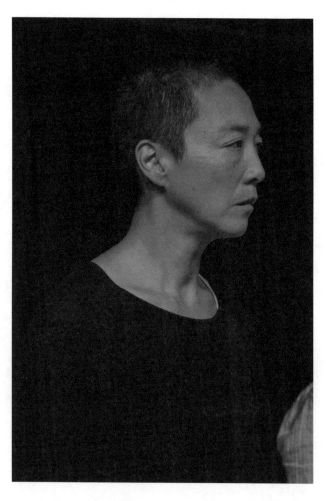

순간에 바로 서서

"

저는 여성들에 대해
얘기를 하고 싶었던 거예요.
'여성'이라는 그 명사를 파악하기까지
정말 시간이 오래 걸린 거죠.

"

순간에 바로 서서

똥폼(남원)

송현, 보석, 유니, 류현

간단한 자기소개를 부탁드려요.

똥폼 저는 정상순이라고 하고요. 닉네임은 여러 가지를 쓰고 있는데 주로 산내에서는 '똥폼'으로 불리고 싶었던 것 같아요. 음… 저도 자기소개를 누구에게 부탁하는데, 어떻게 하면 좋을지… 남한테 시킬 땐 이런 마음이 아니었는데. (웃음) '저는 누구누구입니다'라고 소개하는 게 왜 어렵게 느껴지는지 모르겠네요. 얘기하다 보면 정리가 되지 않을까요. 오늘 인터뷰가 저에게는 정리하는 시간일 것 같아서 저도 기대가 되네요.

똥폼님은 한 가지의 정체성이 아니라 여러 정체성과 역할, 직업, 밥벌이 방식도 다양한 것 같아서 인터뷰를 선정하는 과정에서 흥미로웠어요. 하고 계신 일들을 조금 설명해주실 수 있을까요?

      네. 저는 먼저 여쭤보고 싶은 게, 저를 왜 섭외하시려고 마음먹으셨는지 여쭙고 싶어요.

개인적으로는 가장 궁금했던 사람 중 한 분이었어요.

      아, 그 궁금함이 여기 질문들에 나와 있나요?

네. 제가 생각했을 때 똥폼님은 연극인으로서의 정체성, '지리산여성회의' 위원으로서의 정체성, 또 가장 궁금했던 비건인 부모로서의 정체성, 그런 다채로운 모습이 궁금하더라고요.

      말씀하신 것처럼 여기서는 한 가지만 해서는 살 수 없었던 것 같아요. 그게 도시의 삶과 제일 다른 점이기도 하고. 도시에서 살 때는 연극인으로 살았다면 여기에서는 엄마이기도 하고, 아내이기도 하고, 시부모님을 모시고 산 적도 있고, 엄마, 아빠와 같이 산 적도 있고… 가정만 해도 여러 가지 모습들이 있었어요.

      그런데 현재 돈을 버는 방식은 독립적이지 못해요. 같이 사는 사람한테 의존하고 있는 삶인데, 이 사람에게서 빨리 독립해야 한다고 생각하는 사고방식에서 벗어나기도 참 쉽지 않았어요. 가사노동을 하는 사람의 가치를 평가절하하고 살았던 시간이 너무 길었거든요. 내가 집에서 그 수많은 노동을 감당하고 있으면서도 기생해서 사는 듯한 느낌을 떨치기 어려웠어요. 그래서 '가사노동자'를 제 정체성으로 내세운 지 얼마 안 돼요. 용어 자체를 몰랐기도 하고요. 근데 그 가사노동자의 정체성이 사실 저한테는 되게 크죠. 페미니스트들이랑 같이 일할 땐 그 정체성을 지우고 싶었거든요. 구질구질해지는 느낌이 들더라고요. 아이 얘기하거나 "나 집에 빨리 가야 해" 이런 얘기 하면 일에 올인하지 못하는 조건의 활동가처럼 보이잖아요. 그래서 가능하면 그런 얘기 안 하려고 노력했어요.

그런데 저를 가장 편안하게 해주는 건 고사리밭에 가는 거예요. 밭일이 힘들다고 생각하시겠지만 저는 풀은 안 뽑거든요, 고사리만 끊어요. 끊고서 방치해두었다가 내년에 가서 또 끊는 방식이죠. 허리를 숙이고 고사리를 끊어낼 땐 호흡을 할 수밖에 없는데요. 그게 좋아서 골치 아픈 일이 많을 때는 새벽부터 서둘러서 가기도 했어요. 그 흙 만지는 순간들이 저를 버티게 해줬거든요. 그래서 저에게 가사노동자와 농부의 교집합 영역이 또 하나 있는 것 같아요.

요즘 저에게 제일 재미있고 지속하고 싶은 것은 마을에서 어떻게 이야기를 계속 만들어낼까의 문제인 것 같아요. 이미 정해놓은 프레임에서 제가 누구라고 얘기하는 건 재미없는 일인 것 같고… 사실 잘 모르겠어요. 내 속에 내가 너무 많았기 때문에, (웃음) 요즘 유행하는 '부캐'의 원조는 내가 아닐까, 막 이런 생각을 하게 되는… 그게 다 나라고 할 수 있겠죠. 지금은 마을의 구성원이라는 정체성이 제일 큰 것 같아요.

지리산권 지역에 오게 된 과정이나 이유가 있나요?

(함께 했던 유나, 보석, 승현, 버들님이 지역에 오게 된 이야기를 듣고.)

승현님의 이야기를 들으니, 저는 작업실이 홍대 근처에 한 번 있었고, 부천에 있었던 적이 있었고, 명지대에 있었던 적이 있었는데요. 한번은 천장이 무너져서 이사 나오고, 한번은 침수돼서 나오고 이런 식이었어요.

제가 출근 시간에 지하철을 타고 연습실로 갈 때면 언제나 역방향이었어요. 그 흐름대로 같이 이동을 해야 하는데 저는 그 사람들을 거스르고 가야 했어요. 환승할 땐 늘 사람들이 다 지나가기를 옆에서 기다리고 있다가 다시 그걸 맞춰서 걸어갔어요. 사람들이 어떤 호흡으로 가잖아요. 거기에 질서가 없는 것처럼 보이지만 환승할 때 호흡이 있어요. 같은 속도로 움직여야 넘어지지 않고 밟히지 않는, 그걸 제가 어느 날부터 못 따라가더라고요.

어느 날은 키아누 리브스가 나오는 《스피드》라는 영화를 보러 갔는데, 보통의 영화 흐름을 보면 40분 정도 지났을 때 추격신이 나온대요. 관객이 지루해하니까 카 체이싱Car chasing 같은 걸 하는 거예요. 그런데 그 시간이 지나도 저는 영화의 스토리가 어떤

지, 누가 적이고 아군인지 판단을 못 하는 거예요. '아, 지금 여기가 고장 났구나' 머릿속에 타이머 같은 게 제대로 작동을 안 하고 있다는 느낌이 들었어요. 환승구에서 사람들이 다 지나갈 때까지 기다리고 있었던 거예요. 그러니까 늘 늦는 거죠. 늘 그 속도에 따라갈 수 없는 삶을 살게 되고, 실제로 아프기 시작하더라고요.

보석님 이야기를 들으면서는, (웃음) 전 변기랑 명상 진짜 많이 했어요. 변기 붙잡고서 '너는 내 눈앞에선 깨끗해지는데 대체 어디로 가는 것이냐' 하면서요. 저는 아파트 살았었는데요. 어느 날 갑자기 머리에서 아파트 단면이 잘리는 느낌이 들면서 사람들이 다 변기에 앉아 있는 게 보였어요. 화장실 위치는 모두 같잖아요. 그 배수구를 이용해서 가고 있는 이것들, 내 눈앞에서 보이지 않는 것들이 어디로 가고 있는 걸까, 이게 너무 무시무시한 느낌이 들었어요.

저는 국문학 하다가 연극영화과로 전과를 했는데, 그 시절이 종량제 봉투가 처음 나왔던 시절이었어요. 아마 94년인 것 같아요. 연극 작업이 끝나고 나면 폐기물이 많이 나오거든요. 그 전엔 그것들을 아무렇게나 버렸는데 어느 날부터 그렇게 할 수가 없다는 거예요. 제가 살던 아파트에도 까만 봉투에 쓰레기를 담아서 버리면 밑으로 떨어지고 그걸 쓰레기차가 가져가는 시스템이었어요. 음식물 쓰레기고 뭐고 하나의 구멍 안에 버리는 거죠. 아마 그땐 그만큼 버려도 수용이 가능한 시절이었겠죠? 그러다 집 앞에 음식물 쓰레기를 버리는 새로운 투입구가 생겼죠. 눈에 안 보이던 게 보이기 시작한 거예요. 쓰레기를 일주일 동안 모았다가 가져가시니까 일주일 동안 내 눈앞에 음식물 쓰레기가 보이는 거잖아요. 그때 '아, 음식물 쓰레기라는 게 계속 나오는 거구나'를 알게 됐어요. 늘 없어지는 건 줄 알았는데. 그래서 저걸 흙에다 버리고 싶다는 생각을 막연히 했던 것 같아요. '음식물 쓰레기를 저렇게 모아 가면 저건 또 어디다 버려지는 거지? 이상해' 이렇게 모든 걸 못 믿게 되는 상황이 됐어요.

그래서 유나님이나 버들님처럼, 혼자서 할 수 없으니 공동체를 찾아야겠다는 생각이 들었어요. 할머니 할아버지 댁에 잠깐 놀러 갔다 오는 정도가 시골 경험의 전부였거든요. 시골에 대해 아무것도 모르는 사람이라 어떻게 살아야 할까 고민했어요. 동료들이 필요해서 서울에서 3개월 코스의 귀농학교를 다녔죠. 첫 번째는 도시의 속도를 못 따라갔고, 두 번째는 '내 눈에 보이지 않는 것들이 어디로 가는지 보고야 말겠어!' 하는 마음. 그 추적을 할 수 없다면 나는 그렇게 버리고 싶진 않다고 생각했어요. 많이 불안했고, 이렇게 살아도 되나 하는 무시무시한 생각이 들었어요. 네 분이 말씀하신 거랑 거의 유사해요. 20년이 지나도 시골에 오는 이유는 달라지지 않네요.

그리고 한 가지가 더 있어요. 계속 연극 하면서 살고 싶었어요. 당시엔 연극 하면서 아르바이트를 3~4개 정도 했었거든요? 연습실 선배들도 신문이나 우유 배달하고 온 사람들이 많았어요. 학력이 높아지면 학원에 과외 하러 가는 사람도 있었는데, 어쨌든 우리가 노동의 질이 다르다고 믿을 뿐이지 사실은 비슷한 노동을 하면서 지낸 거죠. 계속 자본을 투하하지 않으면 연극을 지속할 수 없는 시스템이었던 거예요. 그러다 보니 연극을 계속할 수 있을지 장담을 못 하겠고, 주변에는 빚더미에 올라서 종신 보험 드는 선배들이 늘어나고 있고, IMF 직후였기도 했고요. 그래서 사실 여기 내려올 땐 연극을 안 하겠다고 마음먹고 왔어요. '못 할 거야. 시골에서? 뭐 할머니랑?' 이러면서. 아무 가능성 없이 '나는 전혀 다른 삶을 살겠어' 이랬던 것 같아요.

저는 도시가 어떤 사고로 무너지거나 타격을 입었을 때 감춰져 있던 오물 덩어리에 뒤범벅될 것 같은 느낌을 받았어요. 그 당시에 똥풍님도 비슷하게 느낀 것 같아서 소름 돋았어요.

여전히 보이지 않는 쓰레기통이었으면 그런 상상을 못 했을 것 아니에요. 눈에 안 보이다가 보이기 시작하니까, 그것들이 우리가 감당해야 하는 존재들이었던 걸 모른 척하고 왔었다고 알게 된 거예요. 아, 그때부터 몸이 정말 아프더라고요.

연극은 어떻게 만나게 되셨어요?

국문과 간 이유도 글 쓰고 싶어서 갔었어요. (웃음) 너무 웃기죠? 그때는 그렇게 생각하던 시절이었으니까 봐주세요. 하여간, 3학년 때까지는 시를 썼고 4학년 되면 '이음 소설'이라고 해서 동아리 친구들끼리 릴레이식으로 글을 썼어요. 그때 저희 모임이 글을 써오면 서로 비평을 하는 데예요. '씹는다'라고 하거든요. 시를 써오면 '자, 오늘 한번 잘 씹어 봐줄까?' 하면서 잘근잘근 씹어주는, 그게 큰 도움이 되긴 하지만 씹히면 아파요. (웃음)

그러다 마지막 학기에 희곡, 연극을 보러 간 적이 있었는데, 보면서 시 쓸 때랑 전혀 다른, 어떤 정동이 마구 생기는 거예요. 저는 제가 이성적인 사람인 줄 알았거든요. 그런데 선배 언니 한 명이 "너는 네가 정적이고 정리돼있는 사람인 줄 알지만, 실제론 동적이고 정신없어" 하더라고요. 제 친구도 저랑 싸우다가 "네가 이성적인 줄 알지? 너 되게 감정적이야!" 그러고요. 그래서 저의 외피를 싸고 있는, 보여주고 싶은 어떤 모습이 있단 걸 그때 알았어요. 맨날 앉아서 하는 거 말고 액티브한 것을 하고 싶었어요.

근데 어느 날, 여기서부터 약간 판타지가 되는데, 제 시골은 홍성이었거든요. 거기에 가면 조개껍데기로 조악하게 만든 거울이 하나 있어요. 제가 세수하고 나서 그 거울을 보면서 "거울아, 거울아, 내가 연극을 해도 되겠니?" 그러니까 "해~라~" 하는 거예요. (웃음) 그게 스물두 살이었어요. 그 전엔 몸을 많이 쓰는 스턴트우

순간에 바로 서서

면을 해보고 싶었지, 연극을 해보고 싶다는 생각을 한 번도 해본 적이 없어요. 극단 들어가는 것에 대해선 부정적인 얘기를 많이 듣기도 했고요. 들어가면 포스터 붙이다가 끝난다고, 그리고 용어가 없어서 말은 못 했지만, 엄청난 성희롱이나 성폭력이 있었던 거죠. 그래서 아는 사람들은 극단 들어가는 걸 추천하지 않았어요. 아무튼, 거울의 말을 따라서 연극을 다시 공부하기 시작했고, 운이 좋아서 붙었어요.

아, 저는 사실 연극에서 제일 좋아하는 순간이 있어요. 무대에 들어갔을 때 조명이 켜져 있다가 진행자가 들어오셔서 "연극 시작하겠습니다" 하면 무대와 객석의 조명이 동시에 탁 꺼지는 순간, 제겐 이 순간이 이쪽에서 저쪽으로 건너가게 해주는, 절에 있는 해탈교 같은 느낌이에요. 저는 항상 그 순간에 눈을 감아요. 그러다가 빛이 희미하게 들어올 때 눈을 뜨면 정말 새로운 세계로 온 듯한 느낌이 확 드는 거예요. 아마 나를 말할 수 있는 다른 시공간이 필요했던 것 같고, 글로는 부족하다고 생각했던 것 같아요.

지금 생각하면 부끄러운 장면들이 많아요. 왜냐면 저는 여성 작가들 싫어했거든요. '아, 가벼워. 뭐 이런 사소한 걸 가지고 글을 쓰지?' 라면서요. 정말로요. 제가 글을 쓰면서도 여성의 글을 제대로 평가해주지 않았기 때문에 그 핸디캡을 가지고 뭘 시작한들 극복하기 어려웠던 거죠. 글 안에서 나를 솔직하게 표현하지 못하고, 남성적인 언어를 가진 사람인 것처럼 강하고 단정하고 정리된 언어들을 쓰고 싶어 했었어요. 옛날에 썼던 글들 보면 어휴··· 무슨, 태워야죠. (웃음) 사실 그런 것이야말로 태워야 하는 거예요.

반면에 연극은 조금 여러 가지를 해볼 수 있었던 것 같아요. 왜냐면 연극 자체가 다양한 캐릭터를 해보는 거니까요. 물론 다 나로부터 출발하는 거지만, 그게 오로지 내가 아닌 이상한 역할도 해볼 수 있고 때로는 내 욕망과는 전혀 반대되는 역할을 해야 할 때도 있고요. 다양한 목소리를 갖게 해주는 게 매력적이었어요. 미친년 역할도 있고 악한 역할도 있잖아요. 배우는 캐릭터가 어떻든 그 역할을 사랑해야 한다고 생각해요. 이 캐릭터가 나쁜 사람이더라도 그 사람을 사랑해야 연기할 수 있으니까요. 그런 변태 같은 면이 좋았어요.

면접 보러 온 학생들이 그런 말 많이 하거든요. 왜 연극영화과 지원했냐고 물어보면 '다양한 삶을 누릴 수 있어서'라고 하는데, 저는 그게 전혀 틀린 말은 아니라고 생각해요. 여성들은 목소리를 가질 수 있는 공간이 별로 없었을 테니 남성들이 가지고 있는 다양한 삶에 대한 욕구보다 여성들의 욕구가 훨씬 강했겠죠··· 제가 기획을 맡으면 여자 선배들이 늘 "상순아, 제발 여자 배우들 좀 나오게 해줘"라고 했을 정도예요. 정말 맡을 수 있는 역할이 없는 거예요. 저는 배우가 정말 좋은 직업이라고 생각하거든요. 예를 들면, 남성 배우들이 진짜 좋은 역할 한 번 맡으면 인생이 달라져요. 어떤 단계로 확 올라서는 거죠. 왜냐면 한 인물의 생로병사를 다루

순간에 바로 서서

는, 정말 잘 쓴 연극 같은 경우에는 그 생을 온전히 체험할 수 있는 거니까요. 그때 배우가 잘 비워진 상태라면, 그 사람 인생도 바뀌는 거예요. 근데 여성 배우들은 그런 캐릭터가 없어요. 그게 제일 안타까웠어요.

배우로서 하는 연극과 창작, 기획은 또 다른 느낌일 것 같은데, 지금은 모두 다 하고 계시잖아요.

　　네. 할 사람이 없어서. 근데 그건 좋은 질문이라고 생각해요. 마을 분들과 함께 〈지글스〉라는 동네 계간지를 만들었던 적이 있어요. 저는 그전까지 글을 잘 쓴다는 얘길 종종 들었지만 스스로 무슨 글을 쓰고 싶은지 질문했을 때는 답이 잘 안 나왔어요. 잘 모르겠더라고요. 글이 여전히 감성적이라는 생각이 들었고. 근데 〈지글스〉를 하면서 알게 됐어요. 저는 여성들에 대해 얘기를 하고 싶었던 거예요. 제가 '여성'이라는 그 명사를 파악하기까지 정말 시간이 오래 걸린 거죠.

　　저는 연극을 이렇게 생각해요. 말하는 사람이 있고, 말하는 사람의 얘기를 들어주는 이가 있는 공간. 제가 셰익스피어나 그리스 연극을 공부한 사람이라 단호하고 보수적인 면도 있었거든요. 그런 거 안 하는 연극은 아마추어라고 생각하는 못된 버릇이요. 아마추어 극단들에서 훈련이 제대로 안 됐다고 평가질하고, 보다가 휙 나와버리고 그랬어요. 그게 멋있는 줄 알고. 되게 못 되게 살았어요. 여기 와서도 처음엔 같이 연극 하던 사람들을 괴롭혔죠. 예술은 예술이야, 이런 마음이었던 것 같아요. 심지어 〈지글스〉 작업할 때 "저는 지글스를 예술이라고 생각하지 않아요" 이런 말까지 했어요. 그러니까 저한테 굉장히 확고한, 그러나 아무것도 아닌 모래성 같은 상이 있었던 거예요.

서울에서도 셰익스피어 같은 작품들을 주로 했었고, 그런 작품을 해석하는 게 재미있었고 내 업이라 생각하고 살았는데 과연 이게 나의 이야기인가? 하는 질문이 생긴 거예요. 셰익스피어 좋죠, 거기서 교훈도 얻어낼 수 있고. 그런데 '그게 내가 하고 싶은 얘기인가?' 하면 그건 다른 문제였던 것 같아요.

올해 시작한 '월간 정상순'은 제가 하고 싶은 얘기와 우리 마을 사람들이 혹시 하고 싶은 얘기가 있다면, 내가 일종의 마중물이 되어 같이 이야기해보자고 해서 시작한 거예요. 그걸 바로 끄집어내기는 어려울 테니 우리가 하고 싶은 얘기가 있다는 것을 공유하는 장이면 어떨까 해서 기획을 하게 됐고, 기획이랄 것도 없죠, 솔직히. (웃음) 내가 이거 하고 싶다고 하고 문자 막 돌리면 되니까. (웃음)

지역에 오실 때 연극은 못 하겠다고 생각하고 오셨는데, 지금은 기획까지
하고 계세요. 마을에서 연극 한다는 건 어떤 특징이 있나요?

　　마을에서 연극 하면서 연극이 뭔지에 대해서 정말 다시 배웠
어요. 진짜로. 그래서 정말 고마워요. 전에는 무대에 선 배우로서
연극을 그렇게 아마추어처럼 하면 안 된다고 잘난 척하며 살았는
데, 지금은 한편으로는 계속 포기하게 돼요. 내가 요구하는 방식으
로 공연했을 때 이 사람들이 너무 힘들겠다고 생각하는 것들을 하
나씩 쳐내는 거예요. 이를테면 저는 시간 약속 안 지키는 것 정말
싫어하거든요. (웃음) 저는 늦게 오면 맞기도 했었으니까요. 그래
서 사람들이 늦으면 '나는 지금 애도 재우고 왔는데 너희는 뭐니?'
이런 마음이 들었다가도, '사실 그렇게까지 할 일은 아닌데, 내가
무슨 백상예술대상 나갈 것도 아니고…' 이런 식으로 놓게 되는 거
죠. 그 중간 지점을 못 찾았던 거예요.

　　지난번 '월간 정상순'에서 「가사노동 분투사」 공연 준비하던
친구 세 명이 다 가사노동자였거든요. 셋이 모여서 연습하는데 계
속 전화가 오는 거예요. 딸내미들 등하교 시간이었어요. 사실 연습
을 하면서 전화 받는 건 있을 수가 없는 일이었거든요. 그런데 제
가 손짓하면서 "받아, 받아" 하다가 셋이 웃음이 터진 거예요. "언
니, 이게 진짜 가사노동 분투지, 뭐야." 이러면서.

　　그런 장면들을 보면서 마을 사람들이랑 연극 한다는 건 살아
숨 쉬는 일 중에 하나라고 느껴졌어요. 무대로 이동해서 새로운 세

계를 만들어내는 게 아니라 내가 살아 숨 쉬는 공간을 좀 더 자신 감 있게 얘기할 수 있게 해주는 거라고. 이 친구들 때문에 너무 많이 공부했어요. 진짜 부끄럽습니다. 그래서 연극은 마을에서 말할 수 있는 정말 좋은 수단일 수 있겠다는 생각을 요새 많이 해요.

서울에서 같은 일을 하는 사람들은 여전히 현실적인 어려움이 많은데, 지역에서 활동하면서 느껴지는 장점이 있나요?

도시에선 늘 곰팡내 나고 다 무너져가는 지하실에서 연습하다가 햇빛 한 번 보려고 나와서 담배 피우고 들어가곤 했거든요. 그런데 어제는 동네 이웃집 마당에서 연습하다 그 파란 하늘과 마당의 초록 풀이 있는 상황에서 연습하고 있다는 게 믿어지지 않는 거예요. 그 순간 마음이 울컥했는데요. 아직도 많은 연극인이 저런 환경에서, 말도 안 되는 돈을 내면서 제대로 대접도 못 받으며 연습하고 있다는 게 떠올라서요. '나는 팔자가 좋아서 여기 이러고 사는데, 어떻게 하면 이 팔자를 다른 사람들도 누릴 수 있을까?' 고민하다가 '내려오면 되는데?' 하는 생각이 들더라고요.

그래서 지역에서 공연하다 서울 가는 건 큰 기회니까 포기하기 어렵지만, 저는 불러도 안 갈 거예요. 말씀하신 것처럼 '보고 싶으면 산내로 와!', '그리고 이건 산내에서 공연하기 때문에 의미가 있는 거지, 너희들의 그 입 터는 기술로 평가받으려고 하는 연극이 아니야!', '우리는 우리를 위해서 하는 연극이야'라고 말하고 싶어요. 그렇지만 혹시 저랑 비슷한 생각을 하는 지역이 있으면 거기 가서 할 생각은 있고요. (웃음) 서울에서 뭘 한다고 했을 땐 안 갈 거예요. 그렇게 크게 써주세요. 안! 감! (웃음)

서울에서 연극이나 행사의 성과는 관객 수로 매겨지잖아요. 반면에 똥퐁님 처럼 지역에 와서 다른 방식으로 활동할 때 내가 잘하고 있다는 효능감을 어디에서 느끼시는지 궁금해요. 지역 활동의 성과 기준은 확실히 서울과 달라야 할 것 같은데, 그런 고민이 재미있으면서도 어렵더라고요.

　　아직도 제가 잘하는 건지 잘 모르겠어요. 근데 명확한 건, 이 게 절대 혼자서 할 수 없는 일이라는 거예요. 제가 모노드라마를 한다고 해도 관객이 없으면 안 되는 거잖아요. '월간 정상순' 6월 호 준비할 때 같이 창작하겠다고 손드는 사람이 없어서 좀 외로웠 거든요. '동물권과 채식'이라는 무거운 주제를 어떻게 다뤄야 할 지, 어디까지 얘기를 해야 할지 고민하던 차였어요. 그러다 희곡 읽기 모임을 같이 하는 친구가 "언니, 연습은 잘 돼가?" 이게 시작 이었어요. 그러다 "아니, 그럼 우리도 뭘 시켜보던가~" 하더니 나 중엔 "그럼 우리도 6월호 발행 전까지 채식해볼까?" 이런 말이 나 오기 시작하는 거예요. 그때 응답받는 기분이 들었어요. 게다가 이 친구들이 또 다른 모임에 가서 나는 한 달 동안 고기 안 먹기로 했 고, 왜 안 먹기로 했는지 말하고 다닌다는 거예요. 그리고 제일 신 기한 건, 마을 분들이 계속 구독을 하신다는 거요! 전 이게 너무 신기해요.

　제가 「떼아뜨르마고」 공연할 때 좀 까칠하게 굴었어요. 아이가 있는 가족들도 왔을 때 온전히 공연에 집중하기 어려워서 관객을 제한하기도 하고요. 티켓 배부한다고 시간을 정해놓고 딱 그 시간에만 티켓을 받으러 오게 한 적도 있어요. 마을 사람들이 착해서 대부분 이해해주셨지만요. (웃음)

　사실 지역에서도 그렇게 까칠하게 하고 싶었던 이유가 있어요. '실상사 작은학교 연극음악제'를 할 때였는데, 예전에는 아이들이 무대에 올라오면 부모님들이 뒤에서 휘파람 불고 "예쁘다!" 소리치고 그랬거든요. 저는 아이들이랑 함께 연극을 준비해온 사람으로서 아이들이 지금 저 커튼 안에서 얼마나 집중하고 있을지를 아는데, 부모님들이 그렇게 해버리는 게 너무 싫은 거예요. 정말 이상한 게 그분들 서울에선 안 그러실 거거든요? 그런데 왜 여기만 오면 풀어지는지 이상했어요. 여기가 막 행동해도 되는 해방구라고 느끼는 것 같더라고요. 다행히 지금은 나아졌지만요.

　특히 공연 시간에 관객이 늦게 들어와서 배우가 자기 세계를 구축해 나가는 과정이나 앉아있던 관객의 몰입 과정을 방해하는 게 그렇게 견디기 힘들더라고요. 그래서 10분이 지나도 안 들어오면 문 잠근다고 얘기했어요. 근데 정말 「떼아뜨르마고」 공연 5회 하는 동안 딱 한 명만 10분 지각했어요. 그러니까 '아, 사람들이 약속 지킬 줄 아는구나. 세팅해 놓으면 하는구나. 우리가 서로 존중받는 느낌으로 공연할 수 있구나' 생각했어요. 관객도 배우도 훈련받는 거죠. 사실 그러면 배우는 더 열심히 하게 되거든요.

듣고 보니 이해가 가네요. 공연 장소가 어디든 간에 어느 정도의 규칙은 지켜져야죠.

그런데도 확실한 건 제가 어느 때보다 제일 재미있게 하고 있다는 거예요. 제일 재미있는 연극을 하고 있어요. 그건 너무 좋아요. 옛날에 《시네마 천국》이라는 영화가 있었어요. 이탈리아의 작은 마을에서 사람들이 모여서 같이 영화를 틀어놓고 보는 내용이었는데, 그것처럼 동네의 조그마한 극장을 갖고 싶었어요. 저는 제가 아는 사람이 출연하는 연극 볼 때가 제일 재밌거든요. 그때 가장 주의 깊게 연극을 보게 돼요. 왜냐면 그 사람이 평소와 다른 이상한 행동을 하잖아요. 그래서 2016년 '버자이너 모놀로그 낭독회'를 할 때 제 마음속의 목표는, 산내 주민 모두를 무대에 한 번씩 다 서게 하는 거였어요. 그러니 이번 '월간 정상순'에서 열세 명이 무대에 서는 게 너무 설레는 거예요. 그리고 너무 쪼아서 그런지 연습에 한 명도 지각을 안 했어요. 그때 약간 울컥했어요. 음… 좋아요. 지역에서 하는 거. (웃음)

저는 사회에서 정해진 길이나 기준을 바꿔 탈선하는 사람들의 이야기를 다뤄보고 싶었어요. 지역으로 삶터를 정한 제 삶을 스스로 '비주류'라고 정의하는데, 이런 삶을 꿈꾸는 사람들에게 해주고 싶은 말씀이 있을까요?

떠오르는 장면이 하나 있는데, 저는 여기 내려와서 5년까지는 마음이 너무 복닥거렸어요. 실제로 서울 가서 3개월씩 안 내려온 적도 있었고요. 첫해는 여기가 너무 좋았는데, 다음 해에는 여기가 너무 싫은 거예요. 그리고 그다음이 되니 다 거기서 거기라는 마음이 들면서 복닥거리는 마음은 없어졌는데, 서울에 가면 약간 주눅이 들기 시작하는 거예요. 서울에서 32년을 살았던 서울 사람인데… 동서울터미널 내리면 강변역으로 가는 횡단보도 있죠. 거기서부터 '헉, 산내 사람들보다 더 많은 사람이 서 있어'로 시작해서 '우리 동네 차 다 합쳐도 이것보다 안 되는데' 싶고… 그래서 백화점 같은 데를 안 갔어요. 그렇게 깔끔하게 정리되어 있고 각에 맞춰진 풍경과 제가 너무 이질적으로 느껴져서요. 특히 지하철 타면 나는 새까맣고 주눅 들어 있는데 사람들은 다 공중부양할 것 같은 자세로 앉아있고요. (웃음)

그러다 어느 날 지하철을 탔는데, 그때 저는 완전 새까맣게 타서 민소매를 입고 아이 둘하고 배낭 메고 있었거든요. 근데 왜인지 모르겠는데 갑자기 아랫배에 힘이 딱 들어가는 거예요. '너희 있잖아, 우리가 얼마나 멋지게 사는지 모르지?' 지하철 통로에 서서 장사하시는 분들처럼 힘차게 얘기하고 싶은 기세가 확 생기더

순간에 바로 서서

라고요. 그다음부터는 괜찮아졌어요. 이유는 모르겠지만, 굳이 얘기하자면, 저는 시간이 필요했던 것 같아요. 그때는 시골에서도 빨리 적응하고 싶은데 서울을 버리기는 아깝고, 그렇다고 막상 올라가면 적응이 안 되니 힘들고. 그렇게 제 중심을 잡는 시간이 한 10년쯤 걸린 것 같아요. 그 이후엔 아랫배에 딱 힘을 주고 태세가 생겼던 순간의 기억으로 버티고 있는 거예요. 하여간 그 태세가 생기던 어떤 한 번의 경험, 그것… 밖에 없는 것 같아요. 그걸 어떻게 만들어내야 하는지는 잘 모르겠어요. 시간이 지나면 괜찮아진다는 얘기는 정말 하고 싶지 않고요. 다만, 혼자 할 수 있다는 생각을 버린 다음부터 나아진 것 같긴 해요. 저는 어떻게든 혼자 버텨보려다가 망했죠. (웃음) 내가 어떻게 비비적거려도 안전하고 만만한 공간을 찾을 필요는 있지 않나 생각해요.

제 친구들도 제가 지리산에 잠깐 머무르는 줄 알아요. 그래서 내가 선택한 지역의 삶도 좋은 길이라는 걸 더 증명해 보이고 싶어요.

　　　　맞아요. 그래서 저는 병났어요. 귀농학교 일 년 지나고 나서. 증명해 보이려고 해서.

뒤처질 것 같은 불안과 지역의 삶을 증명하고 싶은 양가적 감정이 들어서 다른 분들은 어떠실까 궁금했어요.

　　　　아, 생각나는 게 있어요. 서울에서 육아하는 제 친구를 만났는데 칼국수를 정말 2분 만에 후루룩 먹더라고요. 걔가 원래 그러지 않았거든요. 아이를 그네에 태워서 돌리더니 한 젓가락 후루룩. 그때 '저 삶은 뭐지?' 생각하고서 한 5년 있다가 제가 결혼했거든요. 그때 친구가 칼국수 먹는 신이 머리에서 돌아가기 시작하는 거예요. 그걸 혼자 감당해야 했던 친구의 삶을 이해하게 됐어요.

제가 그 태세를 갖췄을 때 애들 둘을 데리고 있었다고 했잖아요. 그게 아이들을 얼추 키운 다음이에요. 저는 아이를 키우는 과정에서 같이 버틸 수 있는 사람들이 있었거든요. 제 아이가 울면 기저귀 갈아주고 젖 없으면 같이 젖 대주는 친구들도 있었어요. 서로 부탁할 수 있는 사람들이 늘 있었던 것 같아요. 그래서인지 아이를 키워냈던 이후에 뱃심이 생겼죠. 그 태세는 아마 그 같이했던 사람들 때문에 생겨났던 뱃심인 것 같네요. 저 혼자 체력 단련을 해서 키운 뱃심이 아니고요. 다른 사람들이 나한테 보내주는 메시지와 응답, 그런 것 때문에 생겼던 뱃심인 것 같아요.

그전에는 집으로 들어오는 길이면 '아, 이 산속으로 또 들어가네' 생각했어요. 내가 선택해서 와놓고. (웃음) '아, 이 첩첩산중 진짜 깊기도 하지'이랬는데 어느 날부터는 내 집에 온 것 같은 편안한 느낌이 들더라고요. 그게 다 같이 살았던 사람들의 힘이었구나, 생각해요.

앞으로의 탈선 계획이 궁금해요.

　　　탈선을 너무 많이 해서 이제 복귀해야 하는 상태가 아닌가…
(웃음)

혹은 앞으로 시도하고 싶은 것들?

　　　새로운 계획인지는 모르겠는데, 저는 작년에 '아주 작은 페
미니즘학교 탱자(이하 탱자)' 공부 마무리하면서 '에코 페미니즘'에
대해서 새롭게 인식하게 됐어요. 저는 '에코 페미니즘'이라는 말만
들어도 '이 사람들 다 책상머리에 앉아서 이야기하는 거 아니냐'
며 피가 거꾸로 솟았던 사람이거든요. 제 이야기는 잘못된 예에요.
(웃음) 그런데 시골에 내려오니 하나부터 열까지, 특히 여성 농민
의 손을 거치지 않고 나오는 작물이 없는 거예요. 또 작물이 나왔
다 치면 그걸 갈무리해서 밥상에 올리기까지 여성의 노동력이 없
으면 안 되는 일인 거죠. 이 과정과 '에코 페미니즘'을 연결해 봤을
때, 처음엔 '이렇게까지 하는데 어디까지 더 하란 거야?'라는 생각
이 들었어요. 아이를 키울 때 천 기저귀, 모유 수유, 자연 분만 이
세 가지 구호를 외치면서 살았고, 그렇게 하지 않으면 엄마로서 결
격 사유가 있는 것 같았어요. '아이의 정서를 위해서 엄마가 3년은
꼬박 붙어있어야 한다' 같은, 이런 말을 과연 누가 하는지를 봤더
니 여성의 언어가 아니더라고요. 남성들이 구조를 계속 구축하기
위해서 틈새 노동을 해줄 노동력이 필요했던 거죠. 이런 상황에서

'에코 페미니즘'을 하라는 게 너무 받아들이기 어려웠어요.

그런데 작년에 탱자 공부 마무리하면서, 제가 처음 왜 여길 왔는지에 대해 정말 많이 생각하게 됐어요. 처음 이곳에 왔을 때 흙의 느낌과 분위기가 너무 좋았고, 처음 싹이 올라오면 팔짝팔짝 뛰면서 좋아했던 기억이 나거든요. '연두'라는 색이 어떤 색인지 여기 와서 느꼈던 것 같아요. 그런 환희와 그런 감각을 받아들일 마음의 환대도 있었어요. 근데 살다 보니까 여기서도 마음이 똑같아지더라고요. 살면서 잊어버린 거예요. 그러다가 '에코 페미니즘' 공부를 다시 하게 됐는데, 내가 흙을 만지고 싶었고, 음식물 쓰레기를 보이는 곳에 버리고 싶었고, 그게 다시 순환되는 걸 보고 싶었던 최초의 이유가 막 올라오기 시작하더라고요. 요즘은 이것밖에 방법이 없다는 생각이 많이 들어요.

페미니즘 공부하면서 정말 여러 스펙트럼을 만나게 되잖아요. 이를테면 소수자 문제, 성폭력 예방 문제처럼 여러 스펙트럼이 있는데. 초반에 공부할 때는 다 알아야 할 것 같아서 백이면 백 다 공부했어요. 예를 들어 반反 성매매 운동이 있으면 엄청나게 쫓아다녔는데, 제가 지금 '반 성매매 운동가'냐 하면 그렇지는 않거든요. 저는 오히려 성매매와 성 노동의 담론이 더 풍부해졌으면 좋겠다고 생각하는 쪽이에요. 점점 제가 달라지기 시작하는 거죠.

앞으로의 계획이라면 지금까지 펼쳐왔던 이 스펙트럼을 더 좁히고 싶어요. 어떤 것에 더 중점을 맞추고 싶은지 셀프 답변을 하자면 '탈성장과 동물권과 연계한 기후 위기의 문제, 즉, 성장 패러다임에서 벗어나서 얘기를 시작하지 않으면 안 된다는 것'은 정리가 된 것 같아요. 근데 '이게 페미니즘이랑 무슨 상관이 있냐?'라고 한다면 전 너무나 상관이 있다고 생각하거든요. 가시화되어 있지 않은 존재들을 가시화시키는 게 페미니스트가 해야 하는 일이라 생각해요. 내가 버려왔던 쓰레기가 가시화된 것처럼요.

그리고 페미니스트 진영 안에서 동물권 문제를 더 구체적으로 얘기하지 않은 것에 대해 아픈 손가락 같은 마음이 있어요. '에코 페미니즘'도 마찬가지예요. 저도 '에코 페미니즘'이 처음엔 구리다고 느꼈지만, 지금은 어떻게 하면 집중된 것들을 나눠 갖고 순환할 수 있을지, 그 방식에 논하는 이야기라는 걸 알았어요. 이제는 이걸 어떻게 얘기해야 할지 고민이에요. 서울에 두고 온 내 가족, 친구들, 혹은 수많은 노동자의 삶과 지금 내가 팔자가 좋아서 누리는 이 삶은 전혀 분리된 게 아닌데 이 연결점을 어떻게 찾을지 고민이에요. 추상적이긴 하지만 제 계획이라면 그 연결점을 만들고 싶어요. 성장의 패러다임에서 벗어나는 이야기들을 계속 만들어내고 싶고요.

이 지역에서도 귀농 가족의 아이가 자라면 결국 다시 도시로 공부하러 가는 시스템을 반복해오고 있잖아요. 이건 이대로 괜찮냐는 거죠. 청소년들도 그렇고 우리도 마찬가지로 시스템에 의해서 계속 속고 있는 느낌이 드는 거예요. 그들에게 더 까놓고 실상을 이야기하고 싶은데 어떻게 할지 모르겠어요. 이 시스템을 이대로 가게 하는 것이 괜찮은지에 대한 얘기가 전 영역에 걸쳐서 있어야 한다고 생각해요. 사회의 모든 영역에 페미니스트가 있어야 하는 것처럼요. 이젠 성장이라는 신화를 깰 때도 되지 않았나, 그런데 우리는 뭐 때문에 계속 매달려 있는지 스스로에게도 질문하고 있어요.

제가 고민하는 지점도 비슷해요. 도시에 계신 분들도 이 시스템 안에서 어떻게든 살아보려 고군분투하고 있는데 내가 새로운 이야길 꺼냈을 때 그들은 자신의 삶이 부정당한다고 생각할 수 있잖아요. 그래서 그나마 저처럼 도시 시스템에서 적응하기 힘들거나 '이건 아니야'라고 느끼는 분들을 대상으로 어떻게 하면 다른 삶을 경험해볼 수 있도록 도울 수 있을지가 고민인 거예요. 단순하게는 제가 사는 마을에 내 또래가 많이 있었으면 좋겠고요. 그럼 또 나아갈 힘이 생기니까. 함께 고민할 사람이 있다는 게 든든하네요.

아까 지역사회에서 버티는 힘을 물어보셨을 때, 첫 번째는 아이 키우면서 생긴 뱃심이었다면 두 번째 힘은 역시 응답받는 힘이었던 것 같아요. 뭔갈 했을 때 큰 소리로 '널 지지해!' 이런 건 아니지만 "어디에 뭐 맡겨놨으니까 먹으면서 해"라고 잔잔하게 챙겨주는 사람도 있었거든요.

특히 'N번방 사건'으로 1인 시위할 때 동네 분위기가 바뀌었

순간에 바로 서서

다는 게 느껴져서 놀라웠어요. 제가 여기서 분란을 일으켰던 사람이기 때문에 거리감 있는 사람들이 좀 있거든요. 그런데 분란 당시에 중간에서 이러지도 저러지도 못했던 사람들이 1인 시위할 때 머리 긁적이면서 음료수를 쓱 주고 가더라고요. 그때 많이 울컥했어요. 사람들은 사실 손을 내밀었을 때 잡아줄 준비가 되어있구나 하면서요. 손을 내밀게 만드는 경험을 많이 못 했을 뿐이죠. 그렇게 응답받은 기억들이 저에게는 크게 남아 있어요.

그래서 사람들이 나에게 호응하지 않거나 나를 적대시하더라도, 더 힘들어지지 말고 옆에서 계속 손 내밀어주고 지지해주고 격려해주는 사람들의 손을 잡으려고 생각하고 있어요. 사람 귀한 걸 많이 알게 된 거죠.

저도 이곳에서 상처받는 일도 많았지만 응답받는 경험도 많았어요. 더군다나 새로운 일터에서 홍보물을 올릴 때마다 응원의 댓글을 달아주시는 분이 똥풍님이었는데요. 저에게는 똥풍님이 응답해주는 사람이었어요. 감사하다는 말을 꼭 하고 싶었어요.

제가 받은 거예요. 받은 거라서 드리게 되는 것 같아요. 저도 정말 감사합니다. 이렇게 훈훈하게 마무리하면 되나요? (웃음)

마지막으로 하나만 더 질문드리고 싶어요. (웃음) 자기검열을 많이 하는 사람들에게 해주고 싶은 말이 있나요? 저는 가치를 많이 가질수록 자기검열 수준이 높아져만 가는데 이런 마음을 어떻게 대처하시는지 궁금해요.

그러니까, 그게 어려워요. 저도 자기검열이 심한 사람이거든요. 예전에 춤 명상하는 프로그램에 간 적이 있었어요. 다 춤을 추고 있길래 춤 동아리인 줄 알고 갔는데 춤 명상이었던 거였던 거죠. 그런데 이 춤이 유기적인 행동이 아니에요. 잡생각을 끊어내기 위해서 유기적인 움직임을 일부러 막는 동작을 계속하거든요. 저는 그때 나름 몸을 잘 쓴다고 생각하고 있었고, 누군가 춤을 가르쳐주면 사람들이 방에 가서 연습하고 짜잔 나와서 보여주는 건 줄 알았어요. 그게 아니더라고요. (웃음) 전 구린 모습 남한테 안 보여주면서 혼자 연습해서 짜잔 하는 게 중요한 사람인데, 거기선 계속 구린 모습으로 있을 수밖에 없는 거예요. 더군다나 유기적인 몸의 움직임이 아니다 보니 슬슬 약이 오르는 거죠. 왜냐면 나 스스로 가지고 있는 '내가 몸을 잘 쓰는 사람'이라는 상이 있었는데 현실과 맞지 않으니 이런 마음들이 올라오는 거예요. 정말 힘들었어요. 7박 8일이 웬 말이야. (웃음) 정말 중간에 캐리어 들고나오려 그랬어요. 울고, 사람들이랑 싸우고, 별 난리를 다 쳤어요.

말씀 들으니 그게 떠올랐네요. 어쩐지 보석님 저랑 비슷한 것 같더라니… 저도 그게 어려운 사람이거든요. 엄청나게 준비해야만 무대에 서는 게 가능한 사람이에요. 그런데 「떼아뜨르마고」

친구들이랑 같이 하면서 그렇게 절차탁마해야만 무대에 설 수 있는 게 아니란 걸 배웠어요. 자기가 하고 싶은 얘기가 있으면 해도 되고, 결과물이 매끄럽게 나오지 않아도 된다는 걸 처음 허용해준 사람들이 「떼아뜨르마고」 친구들인 것 같아요. 그게 정말 저한텐 큰 경험이었죠. '괜찮아'라는 말을 들은 거니까.

저도 집에 가서 '아, 그 얘기 왜 했지? 그 말을 하지 말아야 했는데' 생각할 때가 있었어요. 그걸 극복했는지는 모르겠어요. 그 말이 최선이었을지 여전히 곱씹어 보거든요. 그런데 조금 나아진 건 유머 감각이 필요하다는 생각을 한 다음부터인 것 같아요. 정색하기 시작하면 나를 용서할 수가 없고 자신에게 너무 혹독해지는데, 이게 문제가 뭐냐면 다른 사람한테도 그렇게 된다는 거예요. 다른 사람 꼴을 못 보게 돼요. '아니, 어떻게 저럴 수 있지?', '왜 시간을 안 지켜?' 혹은 '아니, 자기가 마신 컵을 안 씻고 가잖아?!' 말은 못 하고 마음만 혹독해요. 죄송하지만, 이건 늙으면 괜찮아지는 것 같아요. (웃음) 왜냐면 기력이 달려서 따질 수가 없어요.

그리고 또 하나는, 자기한테 혹독해지는 이유가 있다고 생각해요. 근데 저는 그게 나쁘다고 생각하지 않아요. 왜냐면 우리는 원래 그렇게 생겨 먹었거든요. 그걸 받아들이면 덜 피곤해지긴 해요. 나에게 자꾸 제동 거는 건 본인만의 도덕적인 선이 있는 거예요. 동시에 이게 나쁜 게 뭐냐면, 도덕적 우위를 점하고 있는 사람의 힘을 막 쓰는 거예요. 도덕적으로 옳은 말을 하는 사람은 다른 사람 이야길 듣기 어렵잖아요. 그게 실은 다른 사람에게 폭력적일 수 있는 거죠. 그래서 저는 사람들과 많이 어울린 만큼 혼자 시간을 많이 가져요. 그러면 실수 안 할 수 있으니까요. (웃음)

또 내가 한 말을 사람들이 그렇게까지 중요하게 생각하지 않는다는 걸 깨닫는 순간이 있어요. 어떤 사람들이 저한테 와서 고민 상담했을 때 저는 제가 훌륭한 사람이라서 그런 줄 알았거든요. 근데 그냥 내가 거기 있어서 얘기했을 뿐인 거예요. (웃음) 저는 그걸 너무 귀담아듣고 비밀 유지하느라 마음이 무거웠는데, 사실 그 사람들은 그때 나에게 얘길 하면 끝인 거죠. 발화하는 동시에 없어지는 게 있잖아요. 그러니 내가 그걸 너무 마음에 둘 필요도 없어요. 제게는 지금도 아차 싶은 순간이 생기는데, 그건 내 성격의 문제가 아니라 감수성의 문제일 수도 있겠다고 생각하는 거죠. 감수성이 떨어지는 순간에 실수하게 된다고요.

그리고, 괜찮아요. 이상한 말이죠? 근데 괜찮아요. 그냥 그렇게 해도요.

epilogue

이 이야기가 누구에게, 어떤 도움이 될지, 어떤 가치를 전달할 수 있을지 자주 생각했다. 안으면 비틀거릴 정도로 무겁고 평범한 이야기들은 어떤 모습을 하고 타인에게 가는 것인지, 나는 이걸 통해서 무얼 하고 싶은 건지, 답을 찾지 못한 질문을 안고 스물다섯 명의 이야기를 갈무리했다.

그러다 펴본 황정은 작가의 소설 〈연년세세年年歲歲〉에는 다음과 같은 작가 님의 손글이 적혀 있었다.

'우리는 우리의 삶을 여기서. 부디 건강하시기를.'

우리는 우리의 삶을 여기서. 오래도록 잊고 살았던 약속을 떠올린 기분으로 문장을 만났다. 아마도 나는 나를 잃지 않은 채로 잘 살고 싶은 것 같다. 그리고 부디 당신도 그랬으면 좋겠다.

어디에나 '우리'는 있다.

어디에나 우리가2

초판1쇄 2022년 5월 15일
지 은 이 이승현
펴 낸 곳 하모니북

출판등록 2018년 5월 2일 제 2018-0000-68호
이 메 일 harmony.book1@gmail.com
전화번호 02-2671-5663
팩   스 02-2671-5662

979-11-6747-048-5 03980
ⓒ 이승현, 2022, Printed in Korea

값 17,000원

이 도서의 국립중앙도서관 출판예정도서목록(CIP)은 서지정보유통지원시스템 홈페이지(http://
seoji.nl.go.kr)와 국가자료공동목록시스템(http://www.nl.go.kr/kolisnet)에서 이용하실 수 있
습니다.